全国中等职业教育改革发展示范学校创新教材

Qiche Fadongji Chaizhuang Shixun Zhidaoshu

汽车发动机拆装实训指导书

重庆立信职业教育中心　主编

内容提要

本书是全国中等职业教育改革示范学校创新教材。本书共包括汽车发动机拆装实训的12个项目：常用工具的规范使用；常用量具的规范使用；发动机构造——零部件的认识；正时部分的拆装，正时齿带的检修与更换；凸轮轴的拆装与测量；汽缸盖分总成的拆装与测量；气门组的拆装与测量；气门座的绞削与研磨；油底壳及机油集滤器分总成的检修；活塞连杆组的装配与测量；曲轴飞轮组的装配与测量；汽缸体分总成的测量与检修。

本书可供全国中等职业院校汽车运用与维修专业使用，相关工作技术人员也可参考。

图书在版编目（CIP）数据

汽车发动机拆装实训指导书 / 重庆立信职业教育中心主编. -- 北京 : 人民交通出版社, 2012.9
ISBN 978-7-114-09993-9

Ⅰ. ①汽… Ⅱ. ①重… Ⅲ. ①汽车－发动机－装配（机械） Ⅳ. ①U464.06

中国版本图书馆CIP数据核字(2012)第185274号

全国中等职业教育改革发展示范学校创新教材
书　　名：汽车发动机拆装实训指导书
著 作 者：重庆立信职业教育中心
责任编辑：曹延鹏
出版发行：人民交通出版社
地　　址：(100011)北京市朝阳区安定门外外馆斜街3号
网　　址：http://www.ccpress.com.cn
销售电话：(010) 59757973
总 经 销：人民交通出版社发行部
经　　销：各地新华书店
印　　刷：北京鑫正大印刷有限公司
开　　本：787×1092　1/16
印　　张：11.25
字　　数：280千
版　　次：2012年8月　第1版
印　　次：2014年8月　第2次印刷
书　　号：ISBN 978-7-114-09993-9
定　　价：22.00元
（有印刷、装订质量问题的图书由本社负责调换）

编委会名单

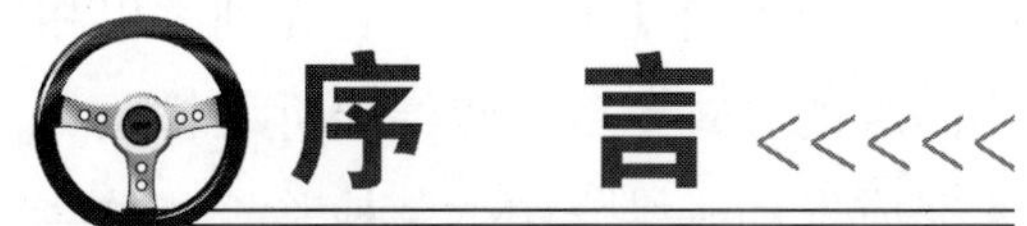

序　言

熟练掌握必备技能是职业教育区别于学科教育的重要特征，要教学生一技之长，使其有安身立命之本，这就是职业教育的目标。如何学习掌握一技之长不仅是职业教育教学中的重点，同时也是教学的难点。这是因为知识传授可以通过口授（即“言传”)便可习得，而技能传授只能通过手授（即“身教”）才能掌握。言传与身教有着完全不同的教学特点和规律，这正是职业教育教学中非常重要的特点，也就是说，“只靠嘴是教不出好技能的”。探索技能教学的方法和模式无疑是职业教育教学中最重要的教学改革内容，也是决定改革成败的关键所在。

汽车运用与维修专业是中职汽车后市场专业中的核心专业，而该专业中最基本的技能是汽车二级维护作业，最典型的汽车维修技能是发动机和变速器的修理作业，这些项目不仅是汽车维修中的常见项目，也是汽车维修工作中最基本的作业项目。作为教育部中等职业教育中的首批四大紧缺型技能人才培养工程之一，汽车运用与维修专业应该将这些最常见最基本的技能培养作为最重要的技能课程来加以传授，应该使每位汽车运用与维修专业的同学都能熟练的掌握这些必备的专业技能。掌握这些技能单靠“勤学”是不够的，还必须要“苦练”才行。苦练能熟，熟能生巧，这就是学好汽车维修技能的必经之路，也是学好技能的唯一捷径。

重庆立信职业教育中心近几年来在汽车运用与维修专业教学中大胆探索、勇于实践不断改进教学方法，连续多届在全国职业院校技能大赛中取得好成绩。在此基础上，该校总结教学和训练的经验，编写出校本教材，实现了教学与竞赛的有机结合，以竞赛促进教学，以教学推动竞赛，使得教学和竞赛相得益彰。

本书以汽车专业典型作业项目——发动机维修为基础，结合连续六年技能竞赛发动机拆装科目要点，并根据重庆立信职业教育中心汽车专业教学的实际情况编写而成，集发动机拆装技能与发动机机械部分相关知识于一体。该教材根据汽车发动机维修技术在当今的变革，结合技能竞赛科目中对发动机修理工艺的简化，大胆地进行了发动机修理加工工艺项目的删减，以发动机拆装和零部件检验为主线，精心安排了发动机维修工艺实训项目。教材的特点是对发动机各个部分维修按照不同任务划分，首先列举出相应的工量具和器材，再按照拆装工艺顺序用图解的方式一步一步给出拆装检验工艺的流程和要点，指导学生在实践课中逐步完成发动机维修中拆装检验工艺的实训教学。同时还可以作为发动机机械结构与原理教学中的实验认知课，按照适度够用的原则列出了每个部分的知识点，将技能训练和知识学习有机地结合在一起，让学生在拆装的过程学习到汽车发动杨的结构原理知识，真正体现了“做中学、学中做”。

希望在汽车维修中职教学中尽可能多地采用这样的理念，让更多的同学们能够边动手边学习，在动手之中找到兴趣，在兴趣之中掌握技能，并通过技能学习去探求知识，这正是我们职业教育教学应该追求的目标。希望这本教材的编写和应用能够为该校汽车职业教学改革起到很好的示范作用，也为全国汽车职业教育教学改革探索出新路来。

朱　军

2012年8月

前言 <<<<<

教育部、人力资源社会保障部和财政部发布了《关于实施国家中等职业教育改革发展示范学校建设计划的意见》（教职成［2010］9号）、《关于申报2010年度国家中等职业教育改革发展示范学校建设计划项目的通知》（教职成厅函〔2010〕34号）等有关文件。重庆立信职教中心根据以上文件的相关精神，在示范建设项目推进中，为了更好地满足职业教育改革发展的需要，编写了本书。本书主要针对汽车发动机的拆装过程和作业标准，并辅以基础专业知识，进行过程任务化学习，将实现真正意义的专业课程理实一体化教学。

本书以工作过程化的方式，将生产过程中的作业要求及相关专业知识，以实物图片的方式，教会学生一步步完成实际的操作，理解并规范作业过程。

本教材主要适用于中等职业学校的汽车运用与维修专业的初学学生，并能让广大汽车维修爱好者"看图说话"，自己动手解决一些实际问题。

作为专业基础课程，建议将本书内容作为专业入门课组织教学，让学生在掌握基础技能的同时，全面地了解汽车发动机的构造和维修标准，并养成良好的作业习惯。在设备允许的情况下，建议课时为80课时。

本教材项目三、六、九、十由苏畅编写，项目一、二由司晓露编写，项目四、五由夏坤编写，项目七、八由赵茂林编写，项目十一、十二由吴国强编写。

本实训指导书经过教学试用和行业专家评审，并在教学使用的过程中反复修改，得到了大家的认同。在此，特别感谢我校蒋红梅校长、教务科及汽车专业部全体同事的大力支持，并感谢全国著名汽修专家朱军教授的悉心指导。

由于编者水平有限，在内容和标准上还有很多不足，还请各位读者能多提批评指正意见，不胜感激！

编　著

二〇一二年七月

目录

实训项目一

常用工具的规范使用

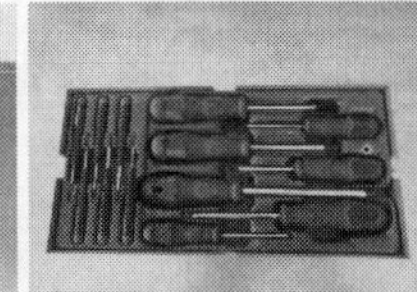

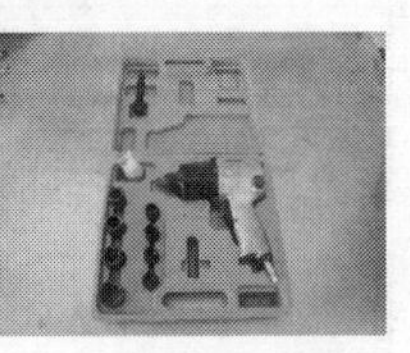

学习目标

1.能够正确说出不同工具的名称；

2.了解工具的使用要求及通用性原则；

3.能正确使用各种工具进行作业。

一 实训准备材料

序 号	材 料 名	规格型号	数 量
1	扭力扳手		1
2	预置式扭力扳手	25N·m、100 N·m、340 N·m	1
3	梅花扳手	10件套	1
4	开口扳手	10件套	1
5	钢丝钳	6″8″	1
6	鱼尾钳	6″8″	1
7	尖嘴钳	6″8″	1
8	一字螺丝刀	50mm、75mm、100mm、200mm	1
9	十字螺丝刀	50mm、75mm、100mm、200mm	1
10	快速扳手	—	1
11	套筒	—	1
12	内六角扳手	—	1
13	摇杆	—	1
14	卡簧钳	—	1
15	撬棍	—	1
16	机油滤清器扳手	—	1
17	风动扳手	650 N·m	1
18	胎压表	—	1
19	胎纹深度尺	—	1
20	转角扳手	—	1
21	活动扳手	6″8″	1
22	吸铁棒	—	1
23	手锤	1P、2P	1
24	橡胶锤	2P	1
25	吹气枪	—	1
26	錾子	—	1
27	活塞装配器	—	1
28	气门拆装器	—	1
29	活塞环拆装卡钳	—	1
30	气门铰刀	—	1
31	三爪、两爪拉马	6″8″	1
32	铲刀	—	1
33	钢丝刷	—	1

二 技术标准

所用工具需符合技术要求，不合格的工具将可能导致工件变形、损坏。工具的选用应遵循有利于保护设备及操作简便的原则。

三 作业要求

1.操作符合安全、规范化要求；
2.作业现场清洁、整齐、有序；
3.作业工单填写规范、数据准确；
4.正确填写处理意见。

四 应会技能

1.能正确选用及使用工具；
2.能对各种工具进行维护保养。

五 建议课时安排

每工位完成时间为30min，每班按60学生计算，设计5个工位，可在4课时内完成本项目作业要求。

六 实训步骤

作业前准备工作：

工量具检查，工位清洁、整理，工单信息录入。

质检提醒：

干净、整洁的工作环境及有序的工作准备，能让你在工作中更高效地完成工作任务。

❶ **扭力扳手。**

主要功用及使用要求：

依据刻度，掌握转动扳手时所用力矩。

无论是松动还是紧固螺栓，只能向身内侧拉，而不可向外推手柄。

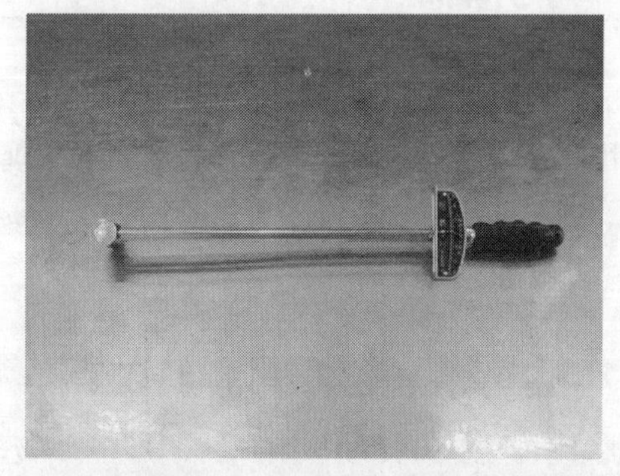

❷ **预置式扭力扳手。**

主要功用及使用要求：

能预先调节所需力矩，听到响声后，表示已经到达所调力矩。常用于紧固螺栓。

无论是松动还是紧固螺栓，只能拉手柄，而不可推手柄。

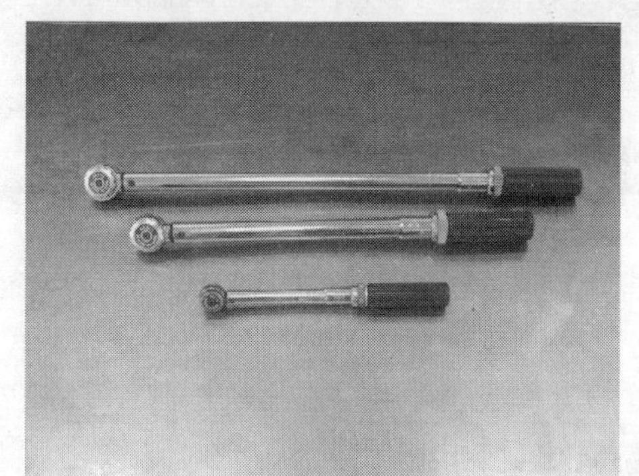

❸ **梅花扳手。**

主要功用及使用要求：

有12角和6角之分，根据需要选用。

无论是松动还是紧固螺栓，只能拉手柄，而不可推手柄。

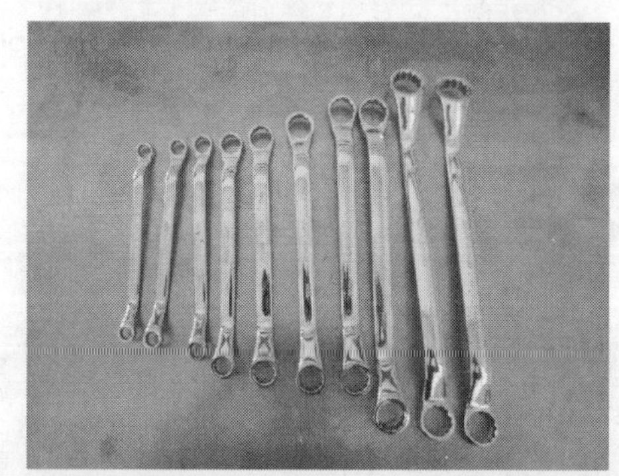

❹ **开口扳手。**

主要功用及使用要求：

常用于一些套筒和梅花扳手不易操作的位置。

梅花扳手易对螺栓造成损伤。慎用！

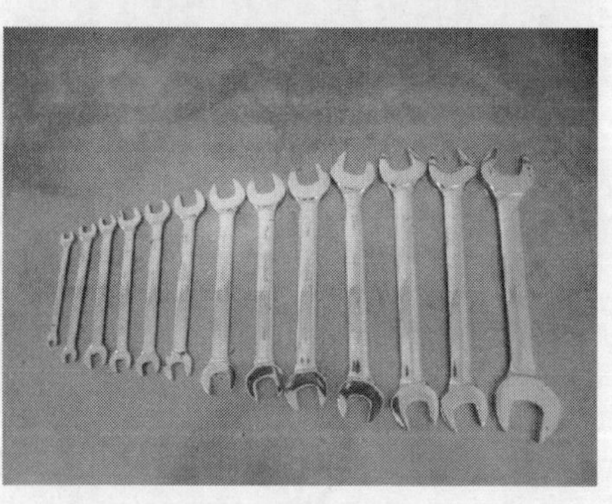

❺ 钢丝钳。

主要功用及使用要求：

一种常用工具，有钳口，可用于夹断物件。

❻ 鱼尾钳。

主要功用及使用要求：

外形呈鱼形，开口位比钢丝钳大，一种常用工具。

❼ 尖嘴钳。

主要功用及使用要求：

一种常用工具，用在一些钢丝钳无法到达部位。

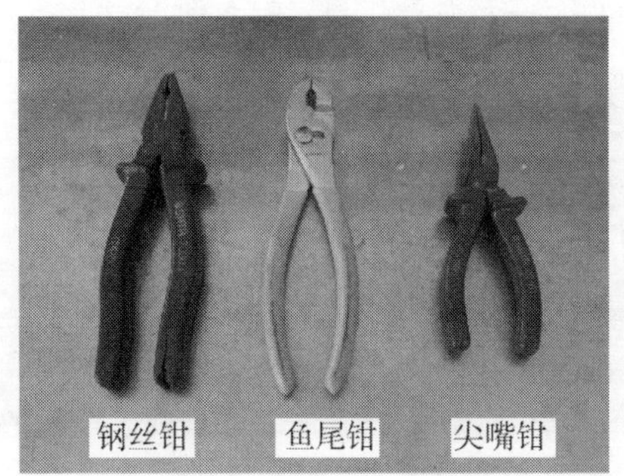

❽ 一字螺丝刀。

主要功用及使用要求：

用于螺栓顶呈一字的一种工具。

❾ 十字螺丝刀。

主要功用及使用要求：

用于螺栓顶呈十字的一种工具，也称改刀、螺丝批、旋具。

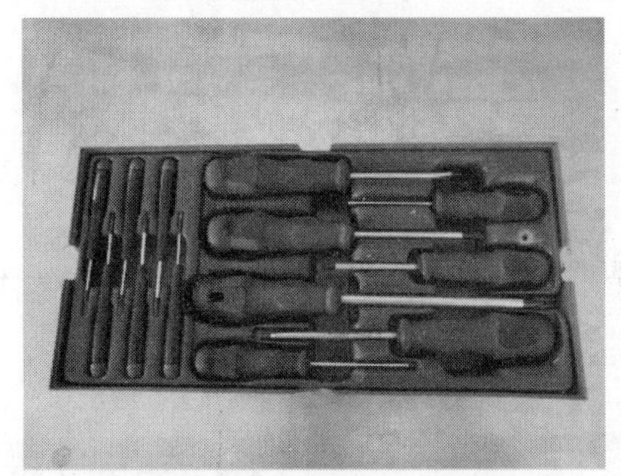

❿ 棘轮扳手。

主要功用及使用要求：

一种具有单向转动功能的工具，可调节正反方向，用于快速紧固和拆卸螺栓。

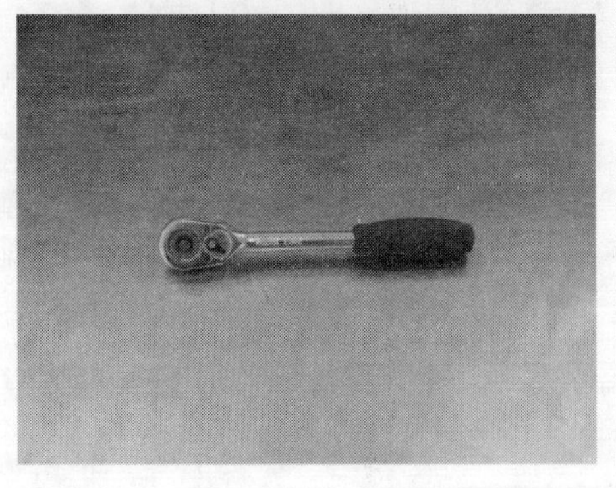

⑪ **套筒。**

主要功用及使用要求：

一种主要工具，有各种尺寸。

套筒是一种对零部件损伤小的工具，操作时应优先选用。

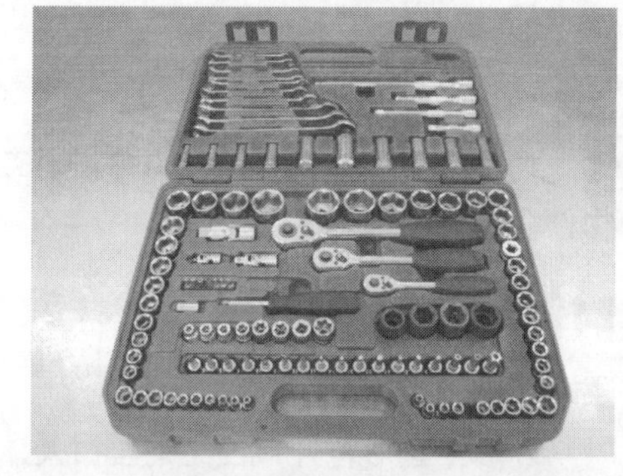

⑫ **内六角扳手。**

主要功用及使用要求：

主要用于螺栓头部呈内六角形的一种工具。

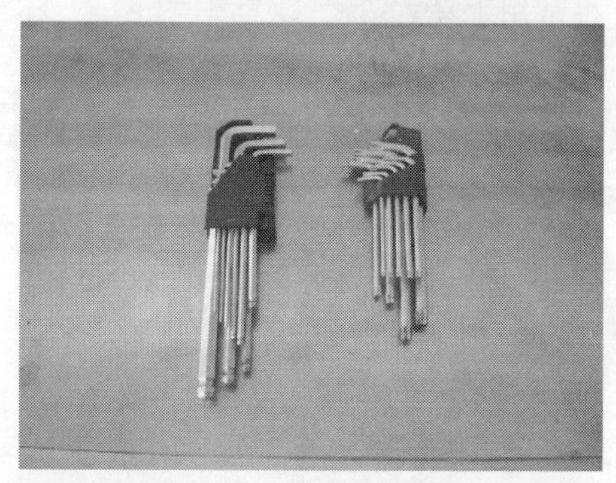

⑬ **摇杆。**

主要功用及使用要求：

一种省力、高效的工具，常在螺栓松动后使用。

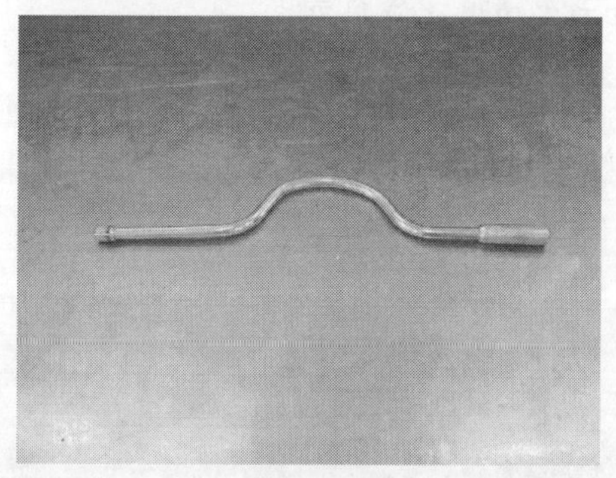

⑭ **卡簧钳。**

主要功用及使用要求：

主要用于取出钢丝卡簧，其类型有内、外，直、曲之分。

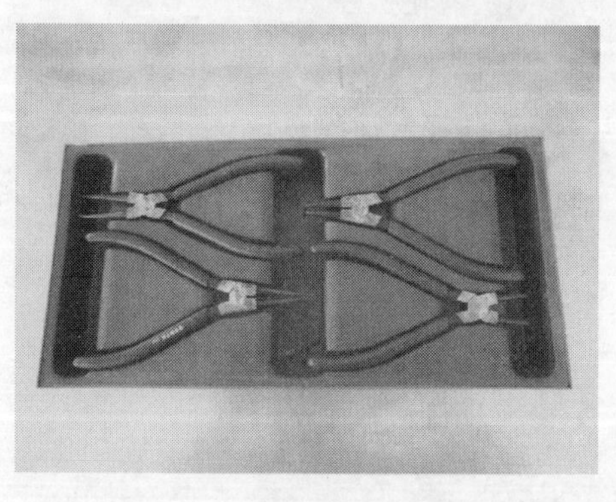

⑮ **撬棍。**

主要功用及使用要求：

用于撬动部件，材质常为钢质或铸铁。

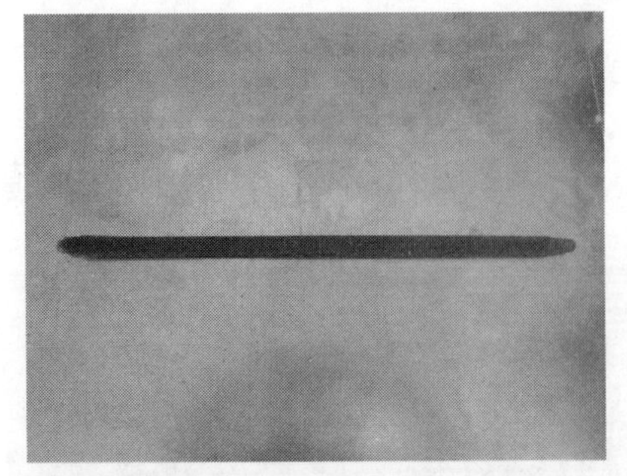

⑯ **机油滤清器扳手。**

主要功用及使用要求：

专用工具，有套筒式、带式和链条式。

⑰ **风动扳手。**

主要功用及使用要求：

一种快速拆装螺栓的工具，利用高压空气驱动。

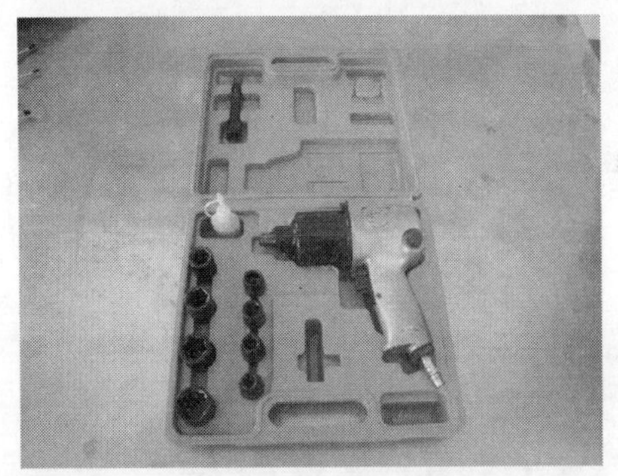

⑱ **胎压表。**

主要功用及使用要求：

检查和加注轮胎气压，上有刻度表。

⑲ 胎纹深度尺。

主要功用及使用要求：

测量轮胎沟槽深度的一种工具，有数字式和标尺式。

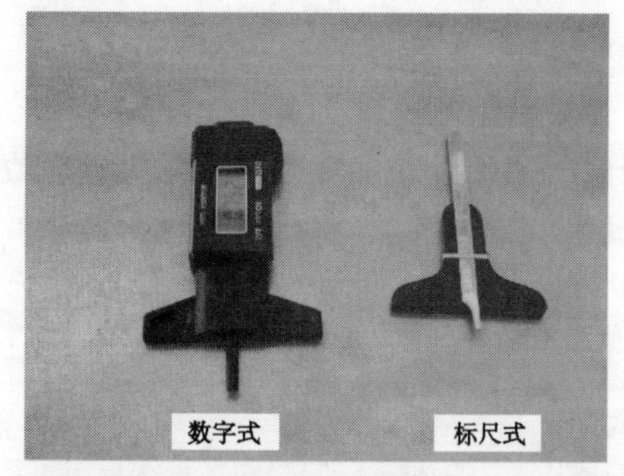

⑳ 转角扳手。

主要功用及使用要求：

一种常用的工具，在松动或紧固螺栓时使用，效率较低。

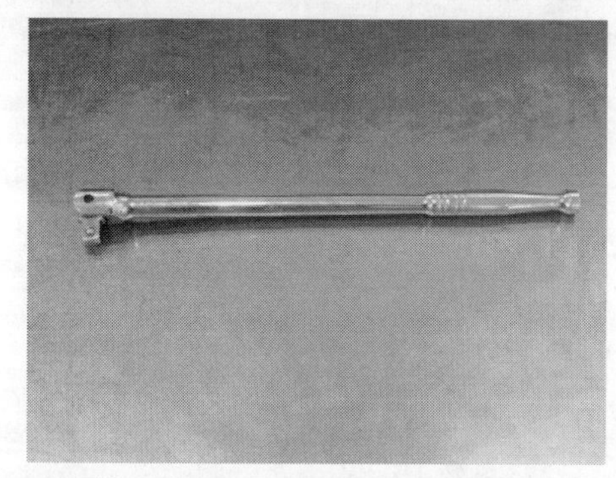

㉑ 活动扳手。

主要功用及使用要求：

可以调节开口的大小尺寸，在没有合适尺寸的其他工具时选用。由于开口调节后不能完成贴合于螺栓，因此容易造成螺栓损坏。

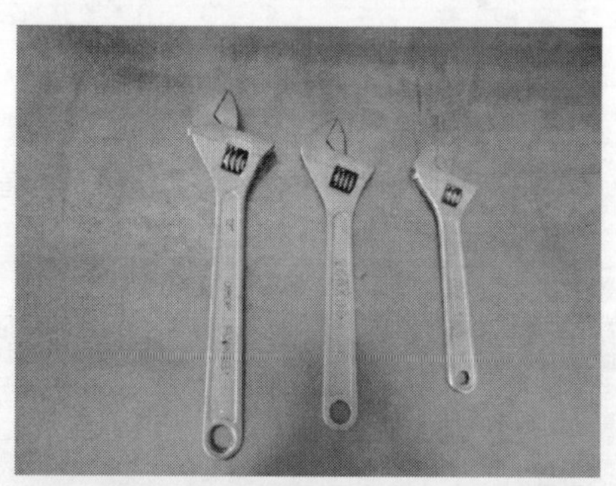

㉒ 吸铁棒。

主要功用及使用要求：

用于吸取不易接触部分的零件。由于带有磁性，因此不可与车上ECU等电子部件长期共放。

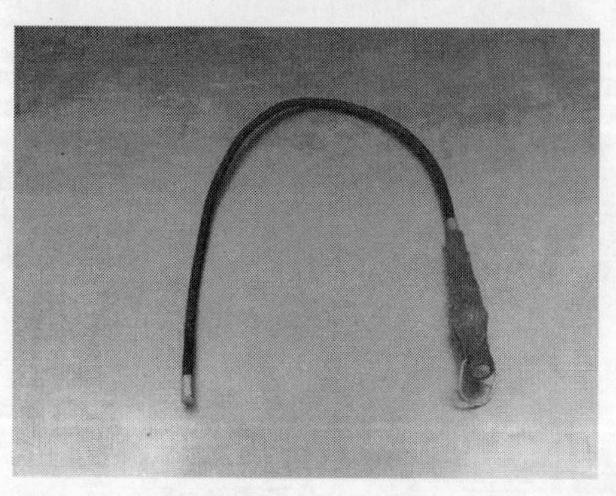

㉓ **手锤。**

主要功用及使用要求：

一头为平面，一头为凸面，用于零部件的敲击。使用时，注意掌握力度和手法。

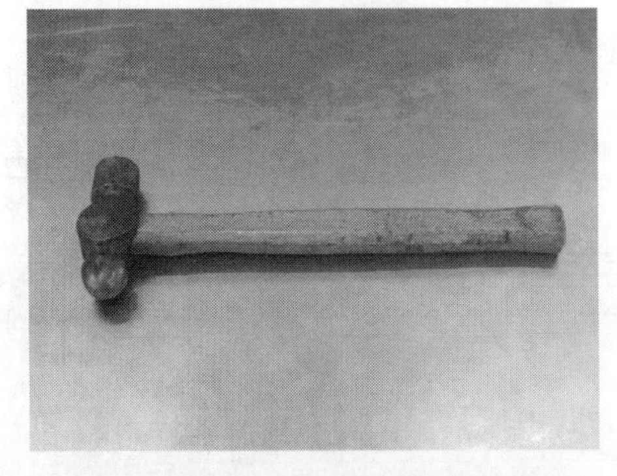

㉔ **橡胶锤。**

主要功用及使用要求：

用于对平面要求高，且不能对表面造成伤痕部件的敲击。注意：不可对尖锐铁器使用。

㉕ **吹气枪。**

主要功用及使用要求：

常用于吹尽灰尘或清洗后急于使用的零件。吹气枪可吹干零件上的水分和清洗剂。

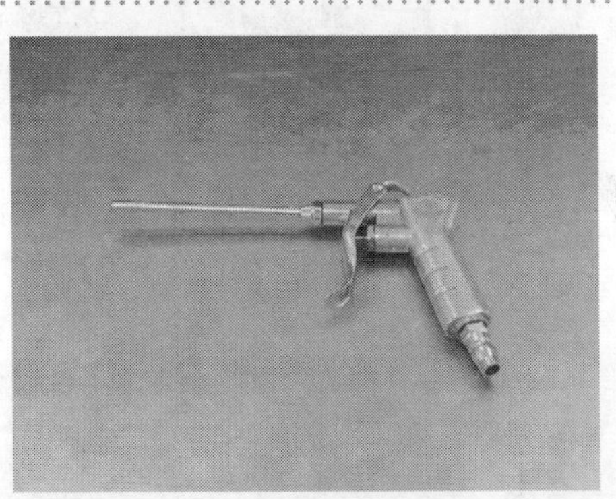

㉖ **錾子。**

主要功用及使用要求：

多适用于钣金作业，錾子具有不同的大小尺寸和形状，可用于取出断头螺栓等。

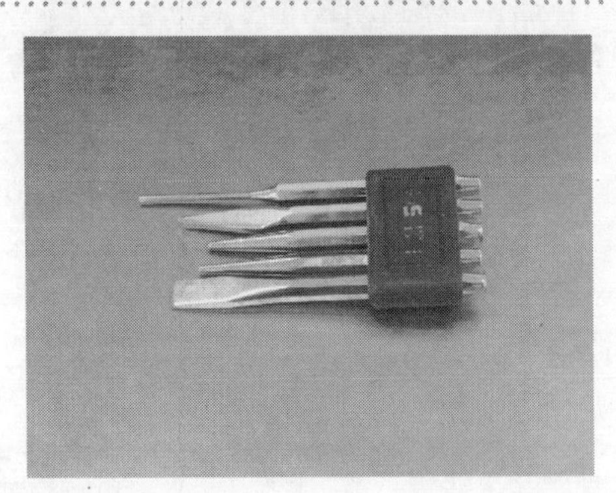

㉗ 活塞装配器。

主要功用及使用要求：

用于活塞装配时，缩进活塞环开口，使之能顺利装入汽缸筒内。

㉘ 气门拆装器。

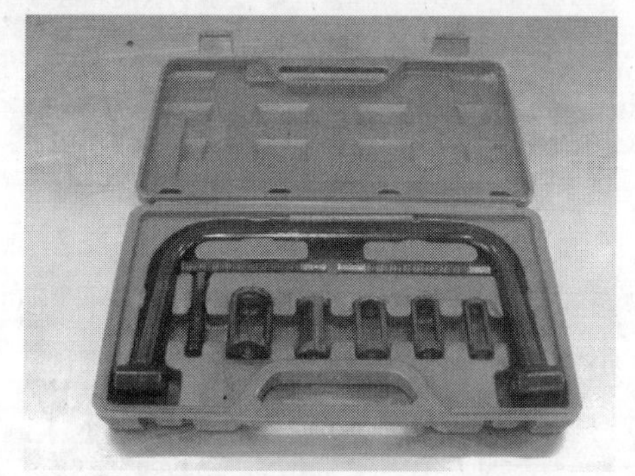

主要功用及使用要求：

用于气门组的拆装。气门拆装器有多种规格组成的套装。在拆装气门组时，操作工具应与气门组保持平直。

㉙ 活塞环拆装卡钳。

主要功用及使用要求：

用于活塞环拆装。操作时注意控制开口大小，活塞环一定要正放于工具上。

㉚ 气门铰刀。

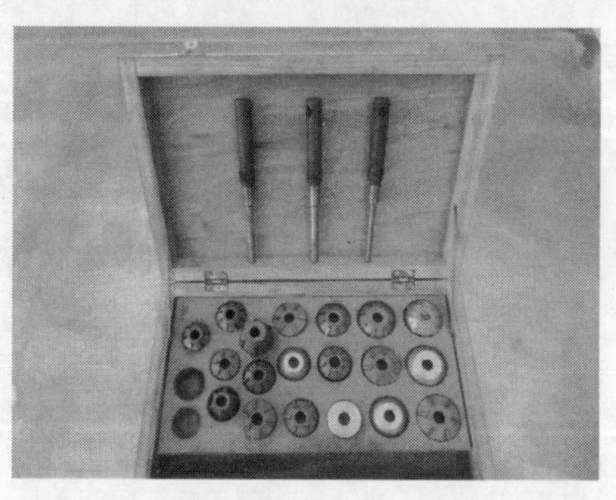

主要功用及使用要求：

用于气门座的铰削，有多种角度的铰刀。操作时注意与气门座对正。

㉛ 三爪、两爪拉马。

主要功用及使用要求：

用于将轴套等紧固部件拉出。操作时，把钩爪座调整到爪钩抓住所拉物体位置。然后，将手柄插入掀手孔内来回掀动起动杆，向前平稳前进，爪钩相应后退，把拉物体拉出。

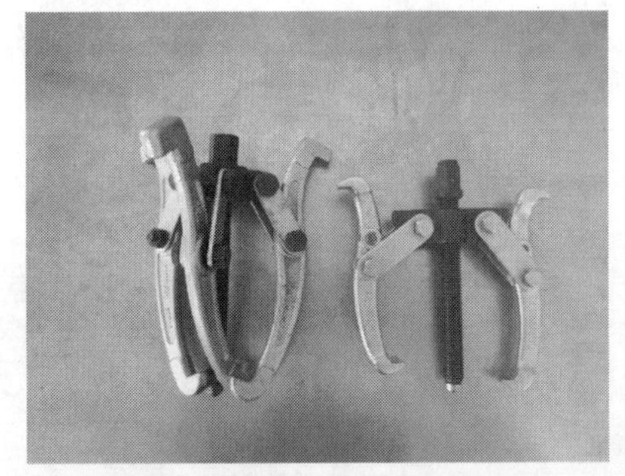

㉜ 铲刀。

主要功用及使用要求：

用于清洁、刮除零件表面的沉积物等。操作中与零件表面接触时，不可刮伤零件。

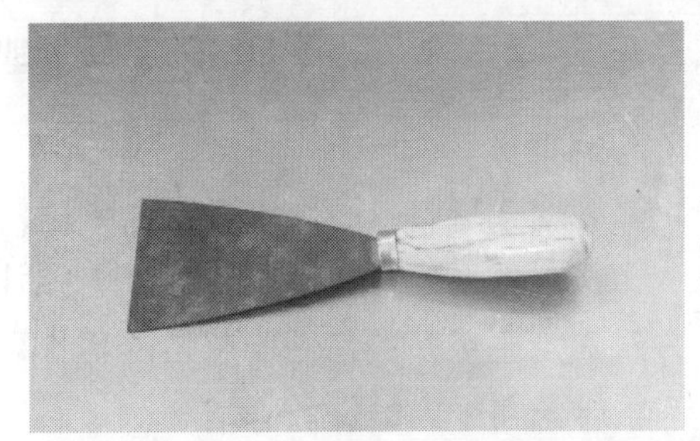

㉝ 钢丝刷。

主要功用及使用要求：

用于零件表面的清洗等。钢丝刷由一根根钢丝制成，多用在粗糙的零件表面。

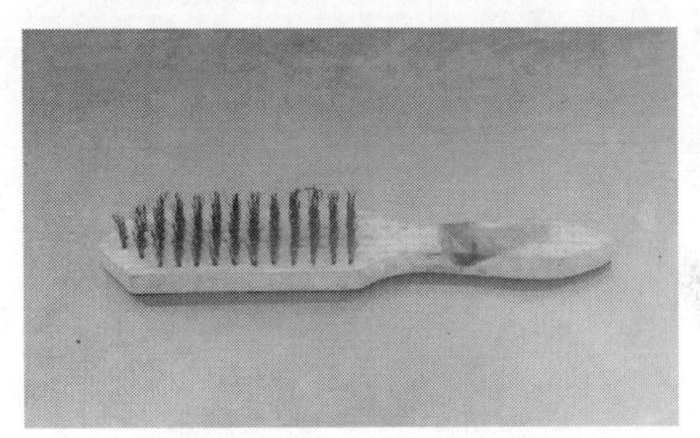

工具清洁、工位整理

❶ 清洁并整理好所有使用过的工量具。

②清洁工作台，并将废弃物分类放置。

③清洁地面，将场地恢复到作业前状态。

质检提醒：

良好的工作习惯和工作态度，能让客户对你产生更多的信任。整洁的工作环境可以带给每个人愉悦的心情。

实训项目二

常用量具的规范使用

学习目标

1.能够正确说出不同量具的名称；
2.了解量具的使用要求及通用性原则；
3.能正确使用各种量具进行测量。

一 实训准备材料

序　号	材　料　名	规格型号	数　量
1	刀口尺	—	1
2	塞尺	—	1
3	钢直尺	—	1
4	直角尺	—	1
5	外径千分尺	—	1
6	内径百分表	—	1
7	游标卡尺	—	1
8	卷尺	—	1
9	磁力表座	—	1
10	万用表	—	1
11	标准量块	方形	5
12	标准量块	圆筒	5

二 技术标准

根据《法定计量检定机构考核规范》（JJF 1069—2007）的相关要求选用量具，并应定期送到质量监督局进行校正。不合格的量具不允许用于生产测量。

三 作业要求

1.操作符合安全、规范化要求；
2.作业现场清洁、整齐、有序；
3.作业工单填写规范、数据准确；
4.正确填写处理意见。

四 应会技能

1.能正确选用及使用测量工具；
2.能对各种量具进行简单校正。

五 建议课时安排

每工位2人一组，完成时间为30min。

六 实训步骤

作业前准备工作：

工量具检查、工位清洁、整理,工单信息录入。

质检提醒：

干净、整洁的工作环境及有序的工作准备，能让你在工作中更高效地完成工作任务。

1 刀口尺。

主要用途：

主要用于以光隙法进行直线度测量和平面度测量，也可与量块一起用于检验平面精度。

特点：

具有结构简单、质量小、不易生锈、操作方便、测量效率高等优点，是机械加工常用的测量工具。

测量精度：

直线度误差控制在1μm左右；表面粗糙度R_a的精度为0.01mm。

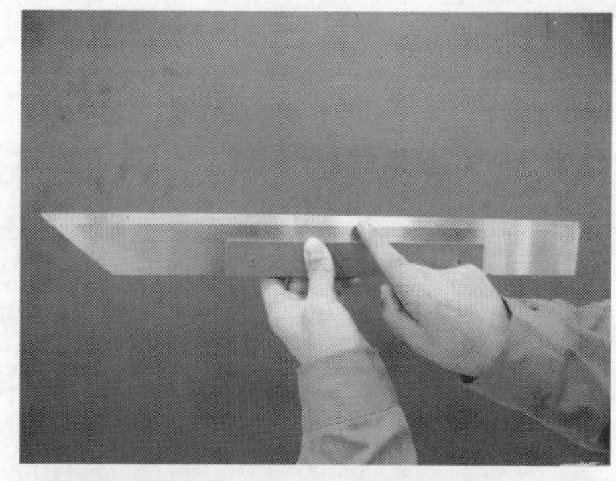

使用方法：

将刀口部位平置并轻放于测量件上，对准光源观察或用量块进行配合检测。

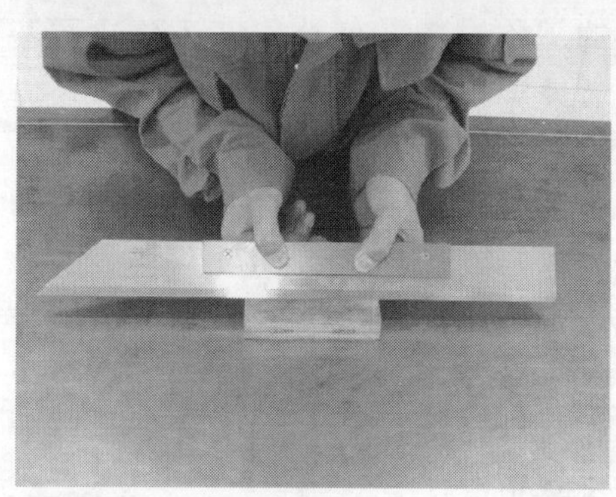

质检提醒：

不按正确方法使用刀口尺，可能导致测量误差。另外，爱护好量具才能得到更精确的测量数据。

② 塞尺。

主要用途：

塞尺又称厚薄规或间隙片。其主要用于测量紧固面、啮合间隙等两个结合面之间的间隙大小。

特点：

塞尺是由许多层厚薄不一的薄钢片组成，按照塞尺的组别制成一把一把的塞尺，每把塞尺中的每个薄钢片具有两个平行的测量平面，且都有厚度标记，以供组合使用。

测量精度：

通常使用的塞尺精度为0.02mm。

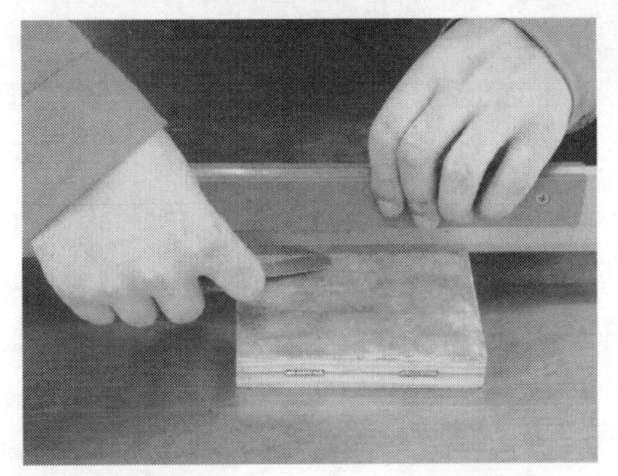

使用方法：

测量时，根据结合面间隙的大小，用一片或数片塞尺重叠在一起，塞进间隙内。例如，用0.03mm的一片塞尺能插入间隙，而0.04mm的一片塞尺不能插入间隙，这说明该间隙在0.03～0.04mm范围之内，所以塞尺也是一种界限量规。

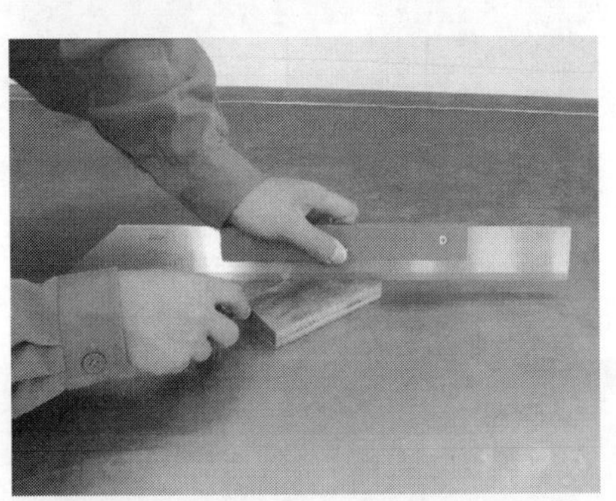

质检提醒：

（1）根据结合面的间隙情况选用塞尺片数，但片数越少越好。

（2）测量时，不能用力太大，以免塞尺弯曲和折断。

（3）不能测量温度较高的工件。

③ 钢直尺。

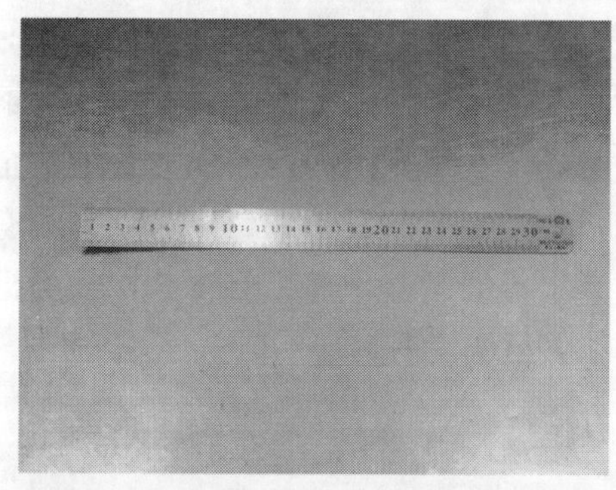

主要用途：

主要用于测量物件长度。钢直尺常用于测量毛坯和精度要求不高的零件。

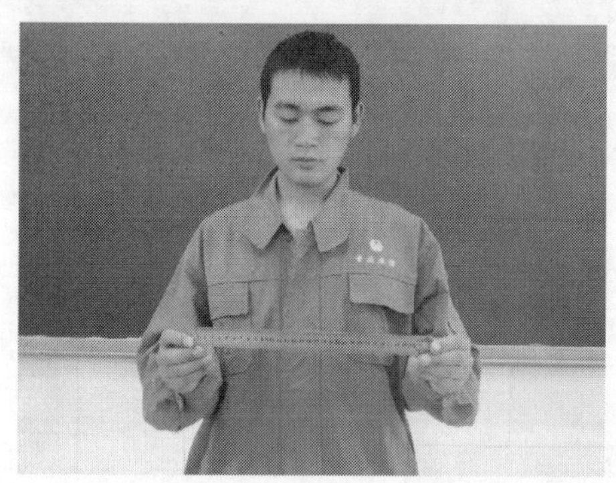

特点：

由不锈钢片制成，尺的刻线面上下两侧刻有线纹。普通钢直尺的标称长度分别有150mm、300mm、500mm、600mm、1000mm、1500mm、2000mm七种。

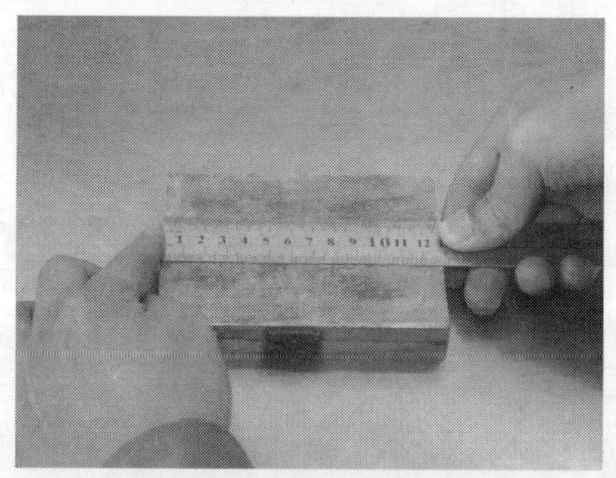

测量精度：

150mm钢直尺的最小测量精度为0.50mm,其余的为1mm。

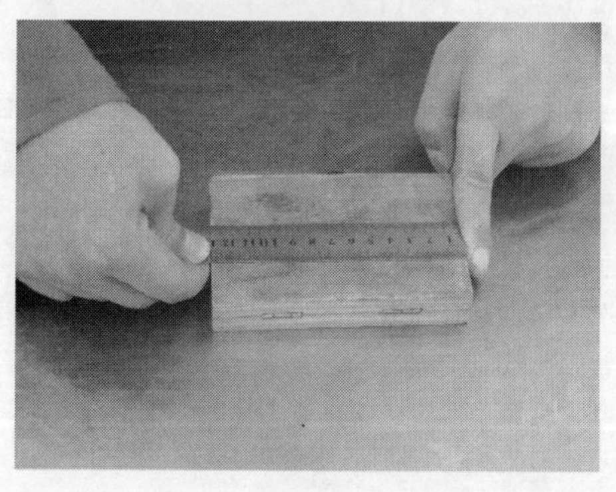

使用方法：

测量时，要确保钢尺端部与被测物件对齐。

 质检提醒：

测量前，应先检查、校验钢尺起点端部是否损伤，损伤可能导致测量数据误差。

④ **直角尺。**

主要用途：

适用于机床、机械设备及零部件的垂直度检验、安装、加工、定位、画线等。

特点：

适用于非精细测量，方便、耐用。

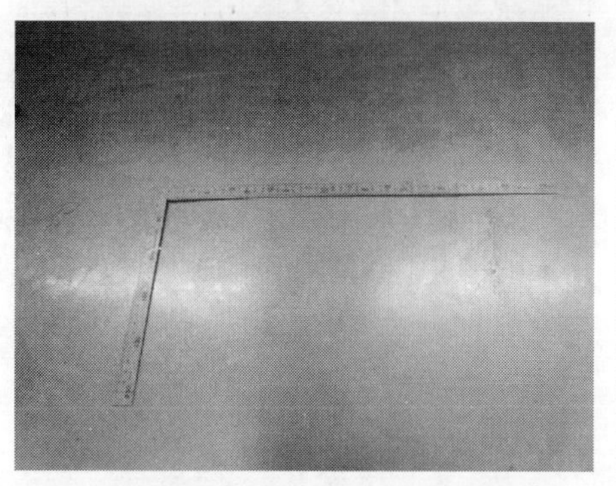

使用方法：

将直角尺角面靠于被测件被测面上，通过透光等方法，就可检测出角度情况。或采用在物件上进行画线等处理方法。

 质检提醒：

不可将量具与其他物件混放，否则可能损坏量具。

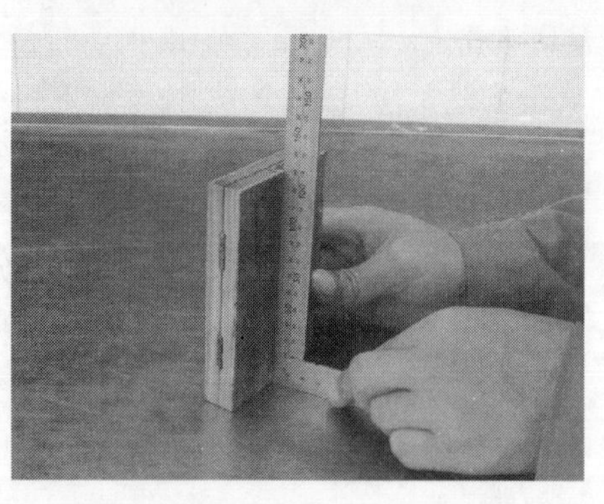

⑤ 外径千分尺。

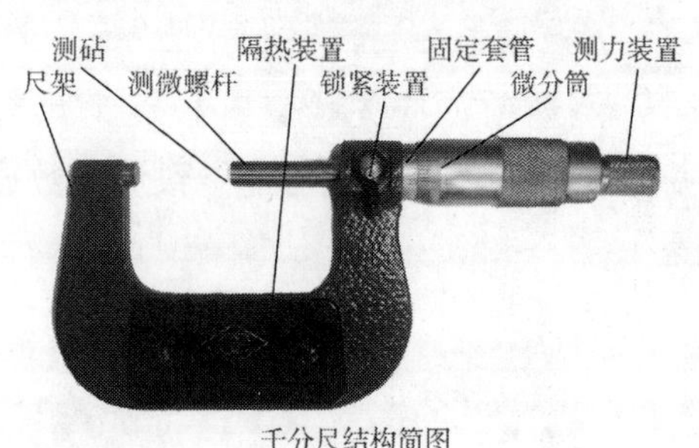

千分尺结构简图

主要用途：

外径千分尺常简称为千分尺，是比游标卡尺更精密的长度测量仪器，用于测量物件不同曲面的外径尺寸。

特点：

外径千分尺的结构由固定的尺架、测砧、测微螺杆、固定套管、微分筒、测力装置、锁紧装置等组成。固定套管上有一条水平线，这条线上、下各有一列间距为1mm的刻度线，上面的刻度线恰好在下面两相邻刻度线中间。

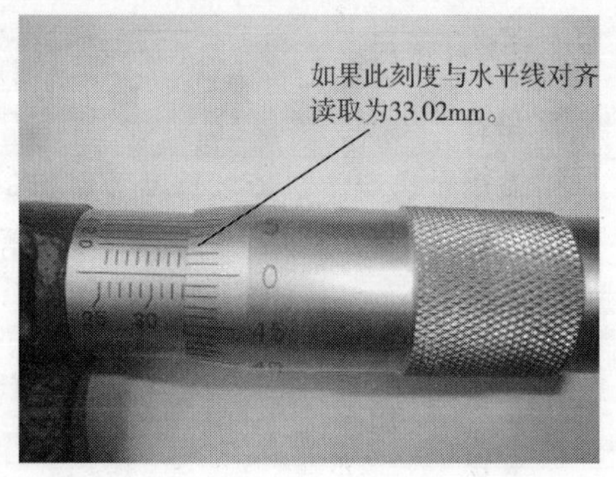

测量精度：

微分筒上的刻度线是将圆周分为50等份的水平线，微分筒是做旋转运动的。当微分筒(又称可动刻度筒)旋转一周时，测微螺杆前进或后退一个螺距（0.5mm）。这样，当微分筒旋转一个刻度后，它转过1/50周，测微螺杆沿轴线移动1/50×0.5mm=0.01mm,因此,用千分尺可以准确读出精度为0.01mm的数值。它的量程是0~25mm，精度值是0.01mm。

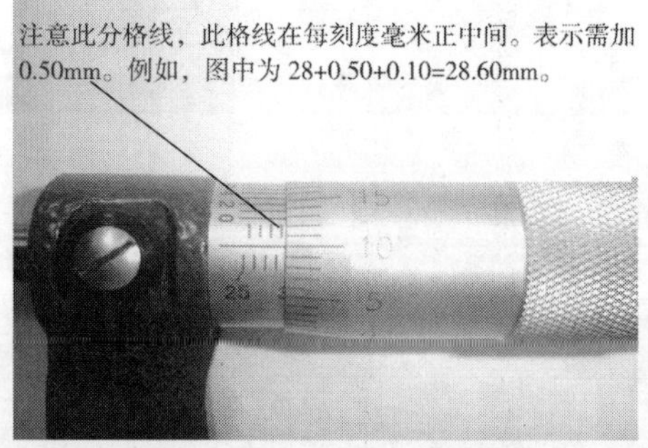

使用方法：

（1）使用前，清洁量面和测微螺杆，检查相互间作用。

（2）用标准样块（校块）使外径千分尺零位相对齐时，如零位有不超过±0.002mm(2μm)偏差,该千分尺被视为合格，无需校正，超出偏差则需要校正。

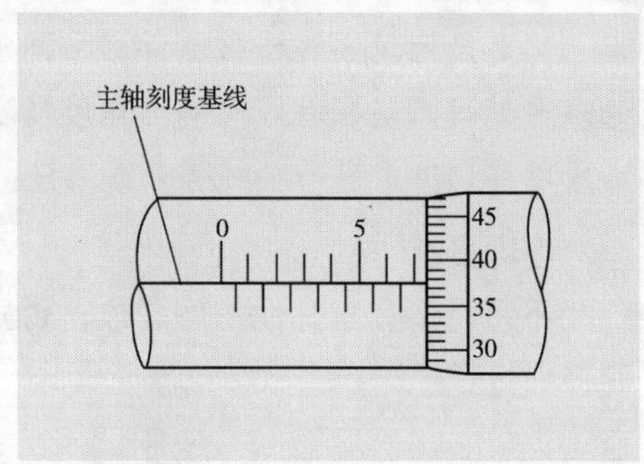

（3）测量时,先将测砧与工作件接触,然后转动微分筒,缓慢进给测微螺杆,在测量面将要接触工作件时,应通过转动测力装置逐渐接近量面,听见“咔咔”两到三声后，表明测砧与测量面已接触，测力装置卸荷有效，即可读数。

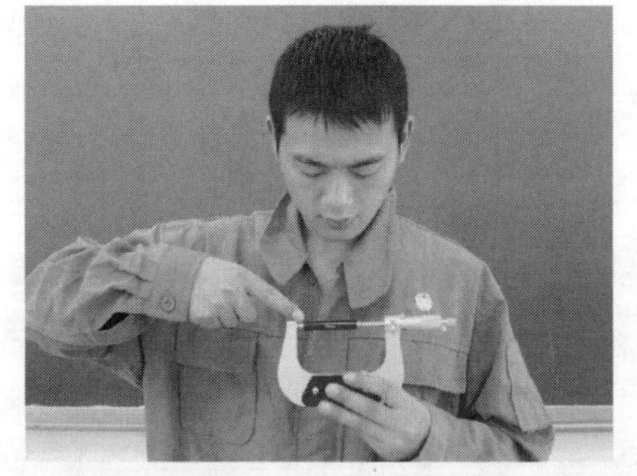

质检提醒：

使用千分尺测同一长度有差异时，一般应反复测量几次，读取其平均值作为测量结果。另外，测量较大或精密度要求很高的工件时，读取刻度时,眼睛的视线尽可能垂直于所要读取的刻度格平面,以减少读取的误差。

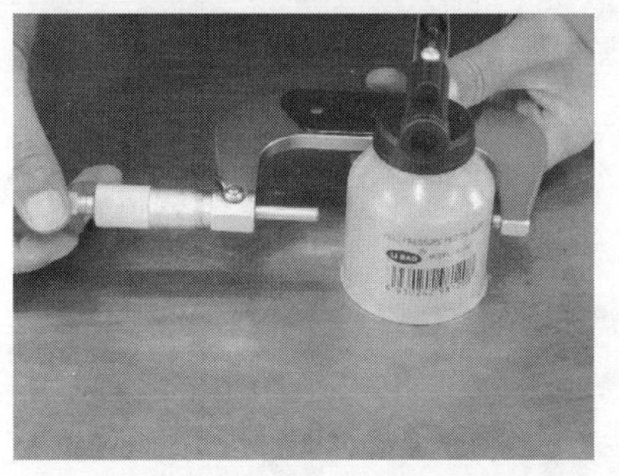

6 内径百分表。

主要用途：

内径百分表（也称内径量表）是一种比较性的间接测量仪表，用来测量发动机汽缸等孔径，确定孔径尺寸。

特点：

容易找正内孔直径，测量方便。

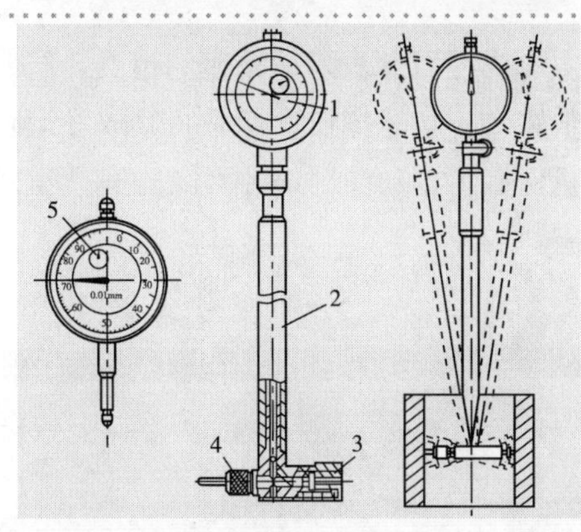

测量精度：

普通的内径百分表分度值为0.01mm，指示性的内径百分表分度为0.002mm。

使用方法：

（1）根据被测尺寸公差的情况,先选择一个千分尺。

（2）把千分尺调整到被测物体名义尺寸并锁紧。

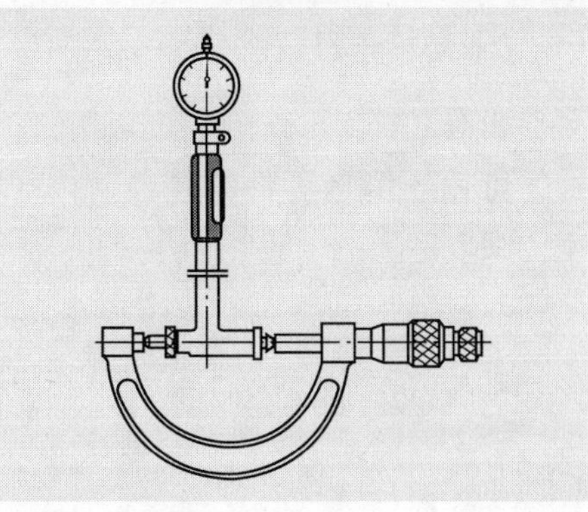

（3）一手握住内径百分表，一手握住千分尺。将内径百分表的测头放在千分尺内进行校准,注意要使内径百分表的测杆尽量垂直于千分尺。

（4）调整内径百分表，使压表量在0.2~0.3mm，并将表针置零。按被测尺寸公差调整表圈上的误差指示拨片。

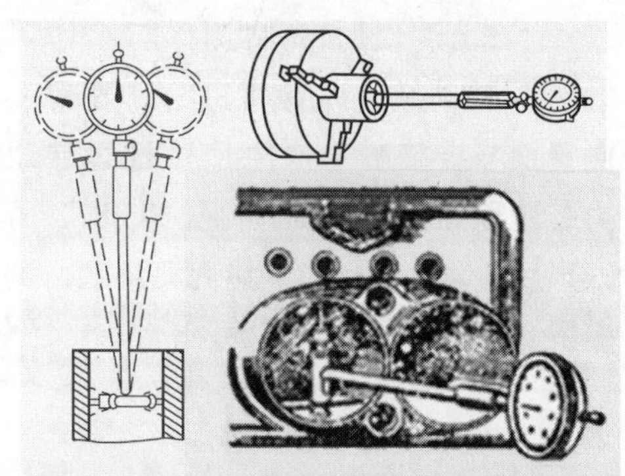

质检提醒：

正确的测量和调校方式。调试。装表头时，要注意锁紧适当，不能过紧，过紧会压坏表的装配杆。

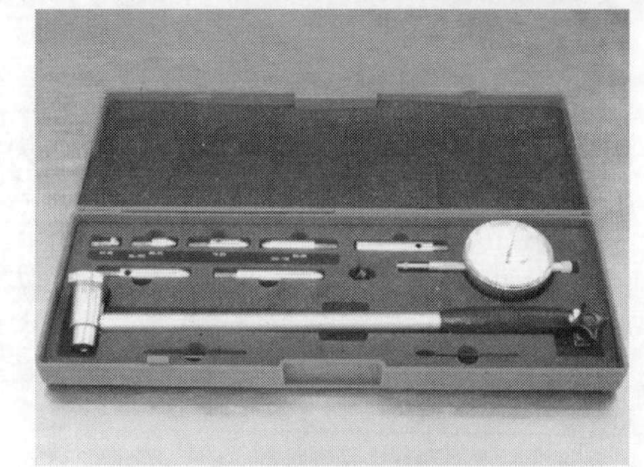

内径百分表是很精密的量具，同时也很娇贵。切忌撞击，切忌将其放在运转的机件上，振动会对内径百分表有严重的伤害。

7 游标卡尺。

主要用途：

可用于测量零件的外径、内径、长度、深度等。

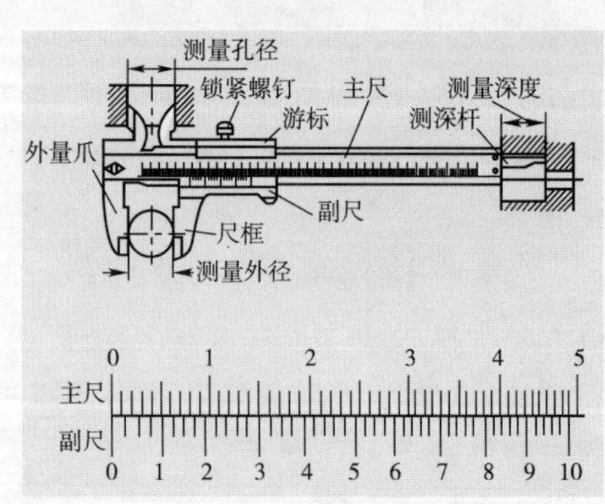

特点：

游标卡尺是一种结构简单、中等精度的量具。游标卡尺由尺身和游标组成，尺身与固定卡脚制成一体。游标和活动卡脚制成一体，并能在尺身上滑动。

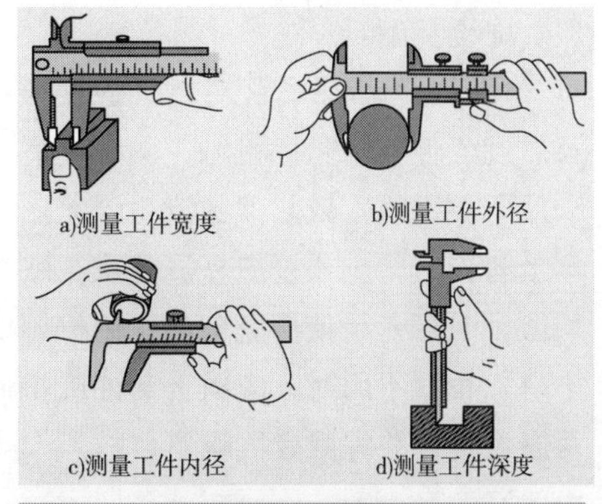
a)测量工件宽度　b)测量工件外径
c)测量工件内径　d)测量工件深度

测量精度：

测量精度有0.02mm、0.05mm、0.1mm三种。

使用方法：

测量时，右手拿住尺身，大拇指移动游标，左手拿待测外径（或内径）的物体，使待测物位于两测量爪之间。当待测物体与量爪紧紧相贴时，即可读数。读数时，首先以游标零刻度线为准在尺身上读取毫米整数，即以毫米为单位的整数部分。然后看游标上第几条刻度线与尺身的刻度线对齐，如第6条刻度线与尺身刻度线对齐，则小数部分即为0.6mm（若没有正好对齐的线，则取最接近对齐的线进行读数）。判断游标上哪条刻度线与尺身刻度线对准的方法：选定相邻的三条线，如左侧的线在尺身对应线之右，右侧的线在尺身对应线之左，中间那条线便可以认为是对准的刻度线。

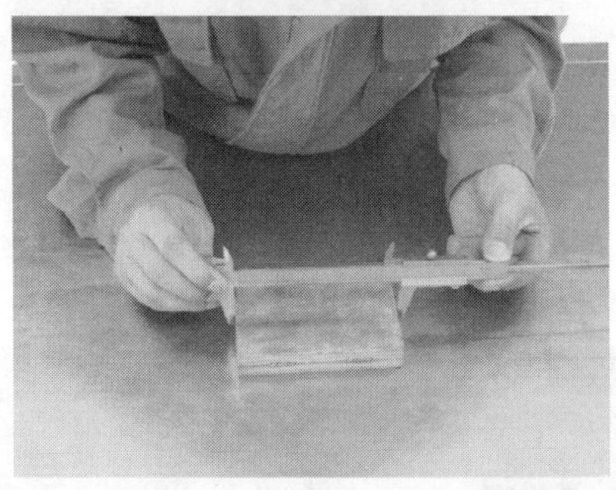

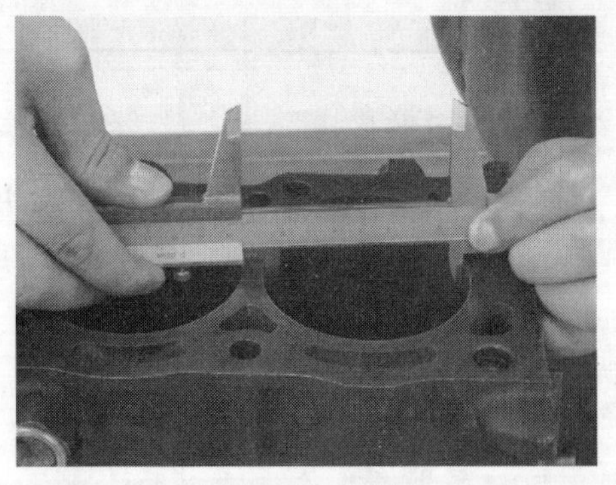

质检提醒：

用游标卡尺测量工件时，应使卡脚逐渐靠近工件并轻微地接触，同时注意游标卡尺不要歪斜，以防读数产生误差。实际测量时，对同一长度应多测几次，取其平均值。游标卡尺使用完毕后，用棉纱擦拭干净。长期不用时，应擦上黄油或机油，两量爪合拢并拧紧紧固螺钉，放入卡尺盒内盖好。

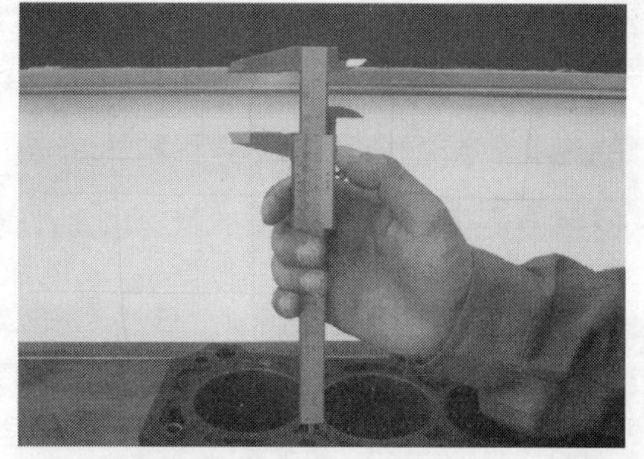

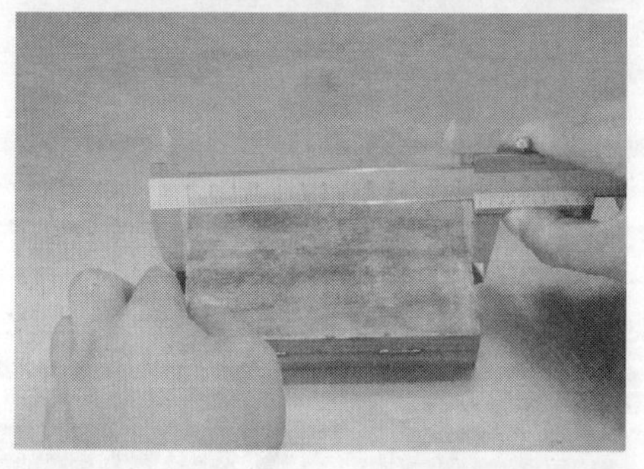

⑧ 卷尺。

主要用途：

卷尺是日常生活中的常用工量具。大家经常看到的是建筑和装修常用的钢卷尺，它也是家庭常备工具之一。汽车维修中，卷尺经常用于钣金作业。

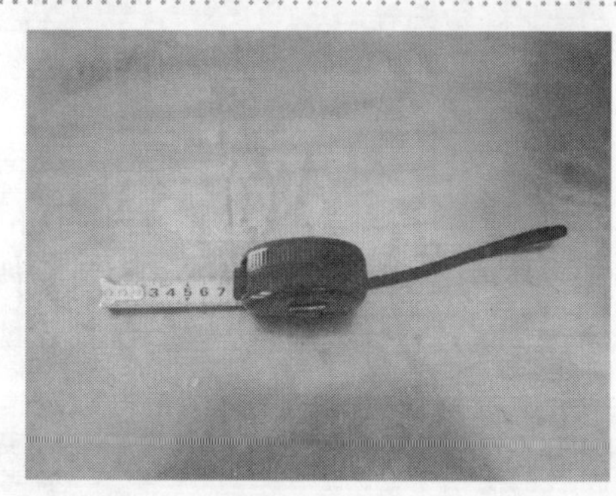

特点：

卷尺又称量尺，卷尺都是按一定精确度将长度计量分段划刻(印)到尺身上,根据尺上刻度的多少得到两点间的长度。

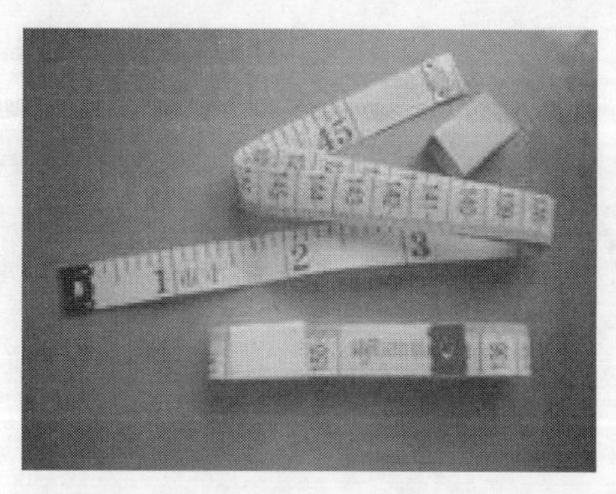

测量精度：

卷尺种类规格很多，最小读数为1mm。

使用方法：

拉出卷尺后，正对被测量物件，尺身应与被测距离两点间呈一直线。

收回时，利用蜗卷弹簧为动力收回。当卷尺被拉出时，蜗卷弹簧收紧而储能，当外力撤销时，弹簧释放能量，卷筒将自动收卷。

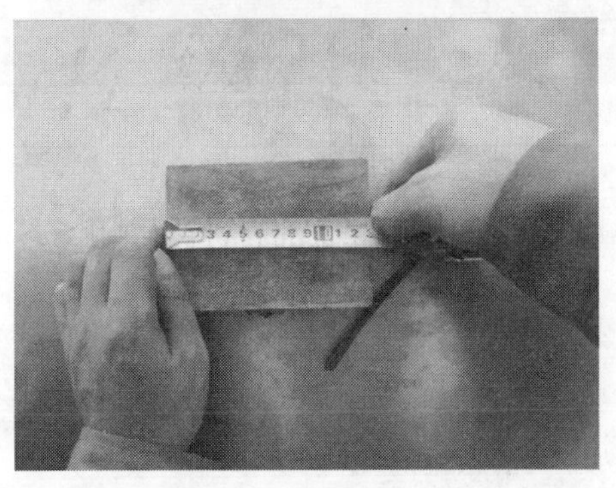

质检提醒：

测量时，保证卷尺处于平直状态，并与被测物件两点间呈直线，否则可能造成测量数据误差。使用钢片材质卷尺时，不可扭曲、折弯。卷尺外壳多由塑料制成，不可摔打、重击。

实训报告

项目：　　　　　　　　　　　　　　　实训时间：

实训任务		所属班级	
指导教师		操作人	
实训材料			
材料名称	规格型号	数量	是否更换

实训作业步骤：

实训结果：

实训总结：

本项目作业成绩评定：优秀（ ） 良好（ ） 及格（ ） 差（ ）

实训项目三

发动机构造——零部件的认识

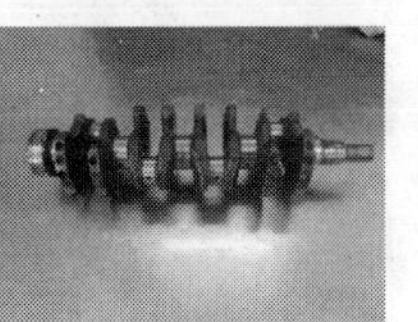

学习目标

1.正确识别发动机各零部件名称；

2.了解各零部件功用。

一 实训准备材料

序　号	材　料　名	规格型号	数　量
1	进气歧管	—	1
2	排气歧管、隔热罩	—	1
3	汽缸盖罩	—	1
4	机油加注口盖	—	1
5	凸轮轴机油挡油板	—	1
6	凸轮轴轴承盖	—	1
7	凸轮轴	—	1
8	凸轮轴前后端油封	—	1
9	气门顶筒总成	—	1
10	正时齿轮罩壳总成	—	1
11	正时齿带	—	1
12	正时齿轮	—	1
13	偏心轮张紧机构总成	—	1
14	曲轴正时齿轮、曲轴齿带轮总成	—	1
15	气门组分总成	—	1
16	汽缸盖分总成	—	1
17	火花塞	—	1
18	汽缸盖垫	—	1
19	油底壳总成	—	1
20	机油集滤器总成	—	1
21	曲轴轴承盖总成	—	1
22	曲轴	—	1
23	飞轮总成	—	1
24	止推垫片	—	1
25	活塞	—	1
26	连杆总成	—	1
27	油标尺	—	1
28	汽缸体	—	1

二 技术标准

发动机的外观应整洁、无油污。发动机外表应按规定喷漆，漆层应牢固，不得有起泡、剥落和漏喷现象。各零部件总成完好，无损坏、缺失。

三 作业要求

1.操作符合安全、规范化要求；
2.作业现场清洁、整齐、有序；
3.作业工单填写规范、数据准确；
4.正确填写处理意见。

四 应会技能

1.能正确识别各零部件的名称；
2.能对各种零部件的功用进行说明。

五 建议课时安排

2人一组，每工位完成时间45min，共4课时。

六 实训步骤

作业前准备工作：

工量具检查，工位清洁、整理，工单信息录入。

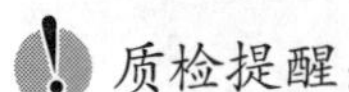

质检提醒：

干净、整洁的工作环境及有序的工作准备，能让你在工作中更高效地完成工作任务。

① 进气歧管。

主要功用：

进气歧管是新鲜空气进入汽缸的通道。

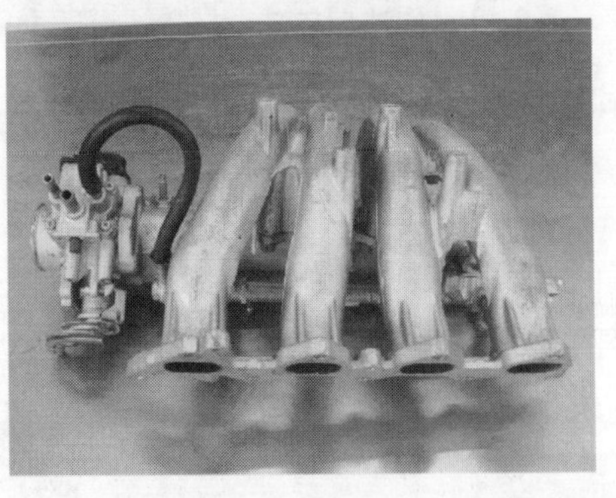

2 排气歧管、隔热罩。

主要功用：

排气歧管为燃料燃烧后的废气排出通道，隔热罩功用为隔热、防烫。

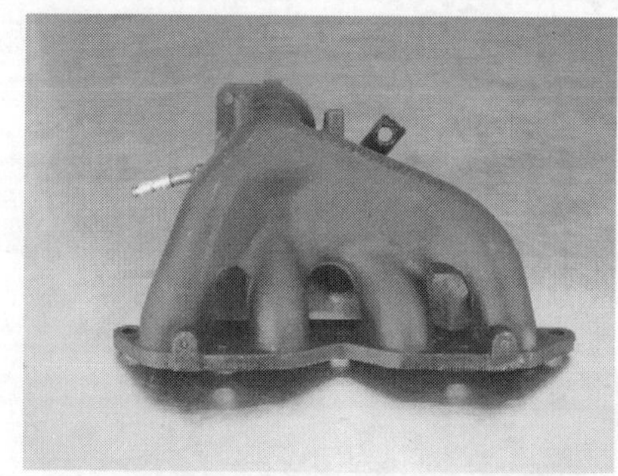

3 汽缸盖罩。

主要功用：

汽缸盖罩主要用于密封汽缸盖上部。

4 机油加注口盖。

主要功用：

密封发动机机油加注口。

⑤ **凸轮轴机油挡油板。**

主要功用：

防止含有机油的混合气体未经过滤，直接通过曲轴箱强制通风系统进入发动机燃烧。

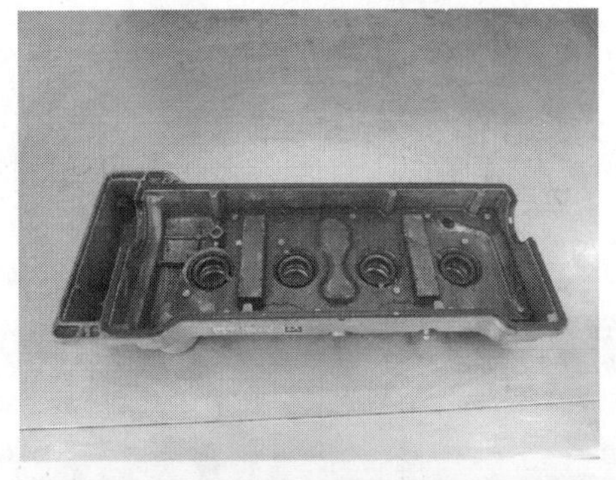

⑥ **凸轮轴轴承盖。**

主要功用：

对凸轮轴起到锁止和固定作用。

⑦ **凸轮轴。**

主要功用：

凸轮轴是往复活塞式发动机里的一个部件。它的作用是控制气门的开启和闭合动作。

⑧ **凸轮轴前后端油封。**

主要功用：

密封配合间隙，防止机油外泄。

❾ 气门顶筒总成。

主要功用：

气门组的一个配件，主要和凸轮轴接触，起到连接和保油的作用。

❿ 正时齿轮罩壳总成。

主要功用：

密封正时内部，防止灰尘等进入和噪声外泄。

⓫ 正时齿带。

主要功用：

连接凸轮轴正时齿轮和曲轴正时齿轮，有橡胶和金属材质等。

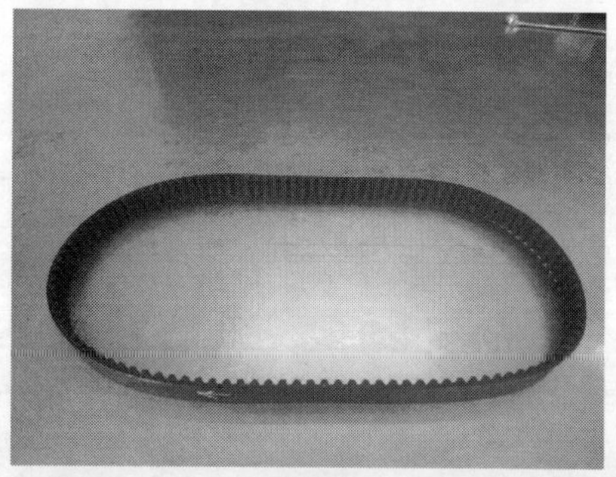

⓬ 正时齿轮。

主要功用：

带有正时标记，并起到连接作用。

⑬ **偏心轮张紧机构总成。**

主要功用：

起到调节正时齿带松紧的作用。

⑭ **曲轴正时齿轮、曲轴齿带轮总成。**

主要功用：

将曲轴的转矩传递到凸轮轴正时齿轮。

⑮ **气门组分总成。**

主要功用：

在凸轮轴的作用下打开、在弹簧作用下自动关闭，并起到密封燃烧室的作用。

⑯ **汽缸盖分总成。**

主要功用：

汽缸盖和汽缸体共同形成燃烧室，并连接各配件。

⑰ **火花塞。**

主要功用：

传递高压电火花，点燃可燃混合气。

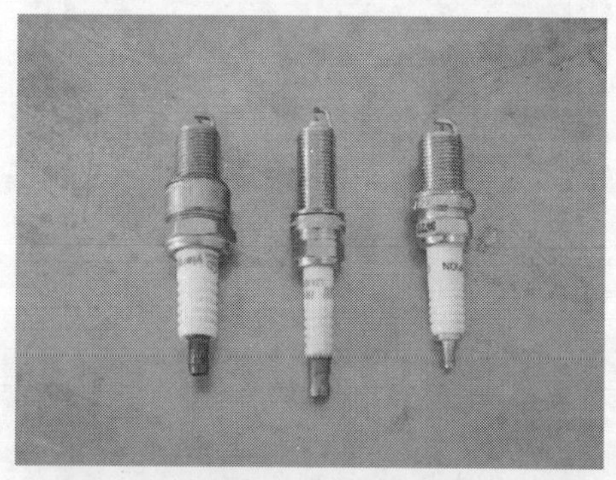

⑱ **汽缸盖垫。**

主要功用：

密封汽缸盖与汽缸体。

⑲ **油底壳总成。**

主要功用：

汇集机油，内有一块挡板，可防止机油剧烈晃动。

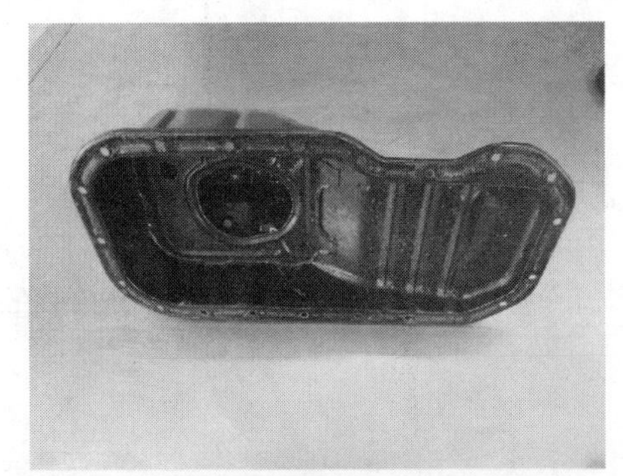

⑳ **机油集滤器总成。**

主要功用：

在油泵作用下，过滤机油并将机油送到发动机各部位进行润滑。

㉑ **曲轴轴承盖总成。**

主要功用：

锁止曲轴，并保证稳定的配合间隙。

㉒ **曲轴。**

主要功用：

将活塞连杆组传递来的气体压力转变为转矩，以驱动汽车的传动系统、配气机构及其他辅助装置。

㉓ **飞轮总成。**

主要功用：

飞轮总成是一个惯性很大的圆盘，可储存作功行程的一部分能量，令曲轴均匀旋转，使发动机具有克服短时超载的能力。

㉔ **止推垫片。**

主要功用：

防止曲轴轴向运动，可变换厚度来调整轴向间隙。

㉕ 活塞。

主要功用：

承受汽缸中的燃烧压力，并将此力通过活塞销和连杆传给曲轴，同时，还与汽缸体和汽缸盖共同形成燃烧室。

㉖ **连杆总成。**

主要功用：

将活塞传递来的力传递到曲轴，使活塞的往复运动变为曲轴的旋转运动。

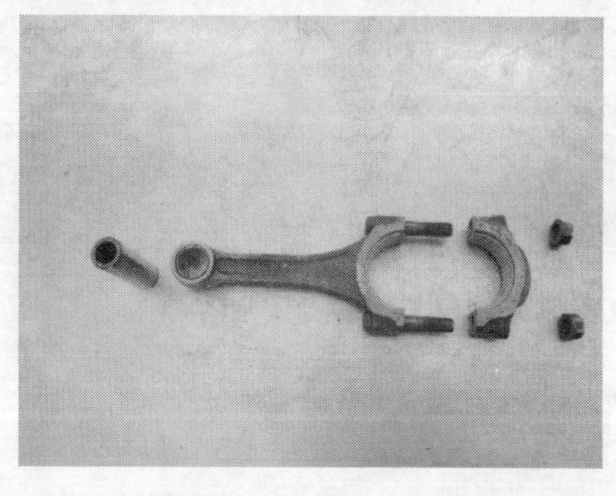

㉗ **油标尺。**

主要功用：

测量机油在油底壳内的存有量，有上、下刻度线。油量应在上、下刻度线之间。

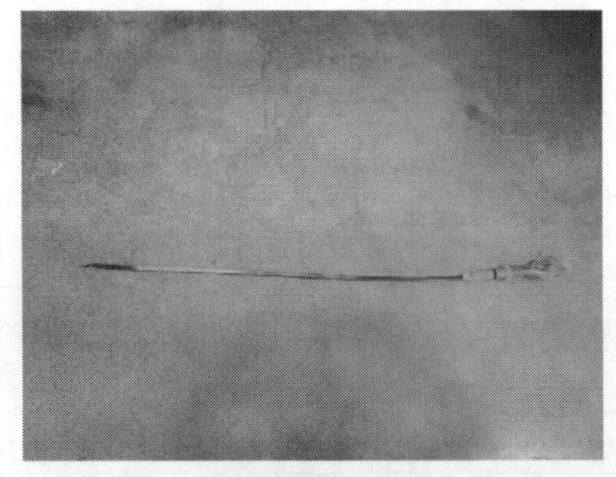

㉘ **汽缸体。**

主要功用：

发动机的主体，它将各个汽缸和曲轴箱连成一体，是安装活塞、曲轴以及其他零件和附件的支撑骨架。

实 训 报 告

项目：　　　　　　　　　　实训时间：

实训任务		所属班级	
指导教师		操作人	
实训材料			
材料名称	规格型号	数量	是否更换

实训作业步骤：

实训结果：

实训总结：

本项目作业成绩评定：优秀（ ） 良好（ ） 及格（ ） 差（ ）

实训项目四

正时部分的拆装，正时齿带的检修与更换

学习目标

1.能够正确拆装正时齿带、检修及更换正时齿带；
2.了解不同发动机拆装顺序要求及通用性原则；
3.能正确调整正时。

一 实训准备材料

序　号	材　料　名	规格型号	数　量
1	发动机秃机（带翻转架）	丰田8A发动机	1
2	世达120件套	—	1
3	SST（固定齿带轮专用工具）	—	1
4	预置式扭力扳手	0~100N·m	1
5	压缩空气吹枪	快速接口	1
6	抹布	—	1
7	吸棒	—	1
8	橡胶锤	2P	1
9	钢丝刷	小	1
10	一字口螺丝刀	200mm	1
11	工件车	—	1

二 技术标准

序　号	名　称	标　准　值	修理条件或方法
1	检测8A发动机正时齿带挠度，用20N（2kgf）的力压齿带中间位置	新齿带5~6mm；旧齿带9.5~11.5mm	更换
2	张紧轮螺栓规定力矩	37N·m	更换
3	正时齿带罩上螺栓规定力矩	9.3 N·m	更换
4	正时的调整	正时点	更换
5	安装时检查，如发现磨损、老化、裂纹等损伤的部件	—	更换

在安装时，禁止将油、水等沾到正时齿带上。

三 作业要求

1.操作符合安全、规范化要求；

2.作业现场清洁、整齐、有序；

3.作业工单填写规范、数据准确；

4.正确填写处理意见。

四 应会技能

1.能正确选用及使用拆装工具；
2.根据检查结果给出正确的修理意见。

五 建议课时安排

30min。

六 实训步骤

步骤一　工位整理、工具配件清点

1 检查并整理好本次工作任务的工具。

2 对相关配件及工作环境进行清理。

质检提醒：

充分的准备可以让你的工作更有成效。

步骤二　拆卸气门室盖

❶ 拆下机油加注口盖。

❷ 拆下4个螺母、4个密封垫。

❸ 双手平托并取下气门室盖。

质检提醒：

拆下的部件放入零件车中，并保持工件与工作面的清洁。

步骤三　拆卸正时齿带罩

❶ 拆下2号正时齿带罩的4个螺栓。

② 取下2号正时齿带罩。

③ 拆下曲轴齿轮或齿带轮罩分总成。拆卸2个螺栓，取下曲轴齿轮罩。

质检提醒：

由于正时罩壳体为塑料材质，取下后小心存放，避免引起变形、损坏。

④ 将1号汽缸设定在上止点（压缩位置），转动曲轴齿带轮，将齿带轮槽口对准1号正时齿带罩上的正时标记。

⑤ 检查曲轴正时齿带轮的标记与轴承盖的正时标记是否对准。若未对准，转动曲轴一周（360°）。

⑥ 用开口扳手卡住凸轮轴，拆下曲轴齿带轮螺栓。

⑦ 使用三爪拉马拆下曲轴齿带轮。

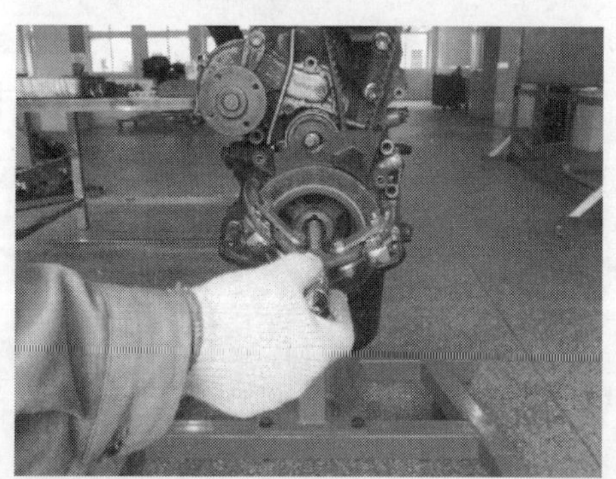

⑧ 拆下3个螺栓和正时齿带罩。

质检提醒：

将零部件整齐地摆放在工件车内，有利于工件的查找和现场环境的整洁。

步骤四　拆卸正时齿带

❶ 拧松惰轮安装螺栓。

❷ 拆下张紧弹簧。

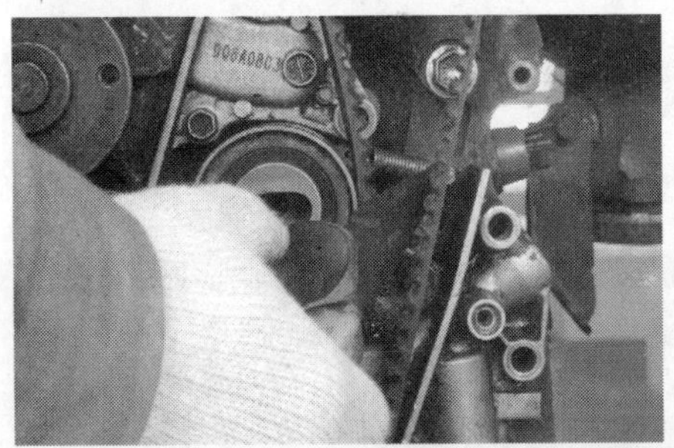

❸ 拆下正时齿带。

④ 检查正时齿带的旋转方向标记。

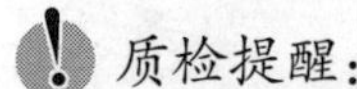

质检提醒：

如果重复使用正时齿带，在齿带上标记一个方向箭头（按发动机旋转的方向），并在齿带和齿带轮上做好定位标记。

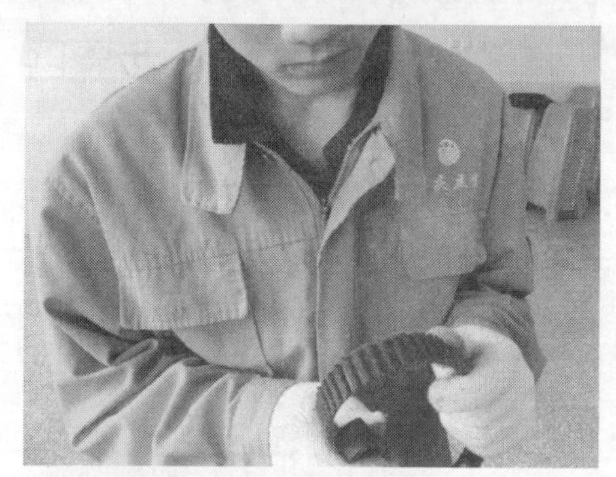

⑤ 将正时齿带的工作面稍作弯曲，目视检查正时齿带外表面是否有橡胶层开裂、断层、严重磨损等现象，如有此现象，予以更换。

⑥ 拆下并检查曲轴齿带轮有无裂纹等异常。

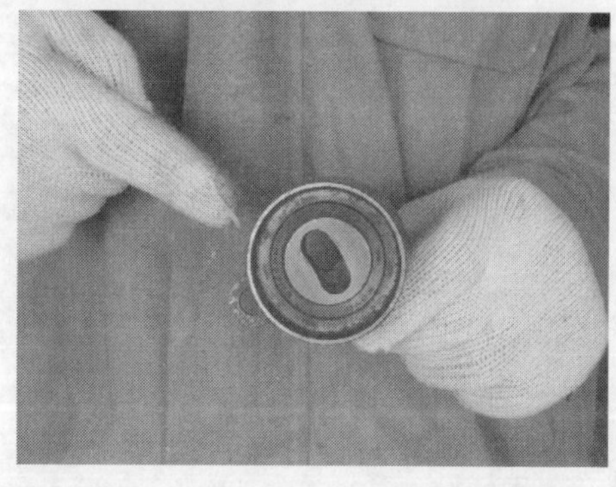

⑦检查正时张紧惰轮表面磨损情况。

⑧检查凸轮轴齿带轮齿纹和磨损情况。

质检提醒：

检查正时齿带、凸轮轴齿带轮的磨损及变形，如有明显的松旷量、破损、老化，则不宜继续使用，应予以更换新品。

步骤五　安装正时齿带

①安装正时张紧惰轮。

②安装惰轮张紧弹簧。

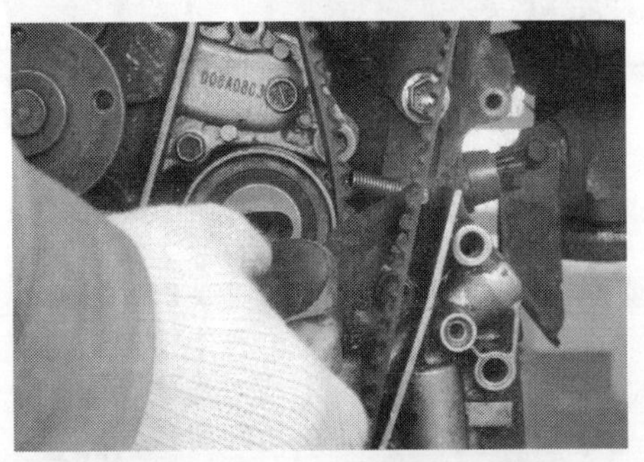

③预紧正时惰轮固定螺栓。

质检提醒：

安装时注意，“一销一孔”一定对正，对正后，预紧螺栓。

④ 安装并紧固凸轮轴齿带轮螺栓。

⑤紧固曲轴齿带轮螺栓，转动曲轴并对准曲轴正时齿带轮和机油泵体的正时标记。

⑥ 检查凸轮轴正时齿带轮的标记与轴承盖的正时标记是否对正。

⑦ 安装正时齿带从下往上将齿带推送到位。

⑧ 检查正时齿带的张力。

质检提醒：

如果继续使用原有正时齿带，安装时应对准拆下时做的标记，并且将箭头方向调向发动机旋转方向。

⑨ 松开惰轮螺栓，从上止点位置慢慢转两圈再回到上止点位置（只能顺时针转动曲轴）。

⑩ 按图所示，检查每个齿带轮是否对准正时标记，如果没对正正时标记，则拆下正时齿带重新安装。

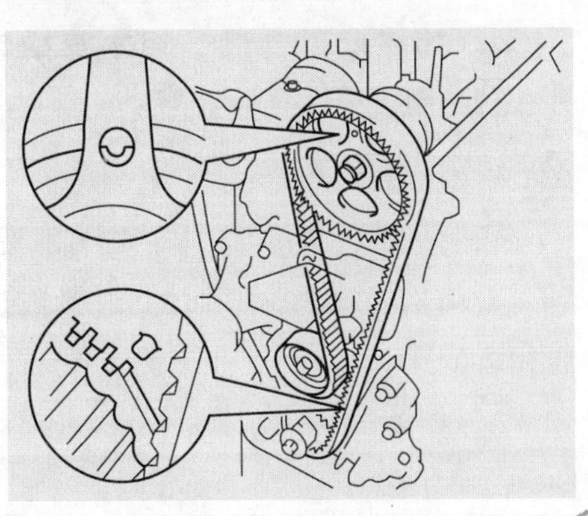

⑪ 紧固正时齿带惰轮。

 质检提醒：

必须使各正时齿轮上的标记同时对正相应的标记点。错位将导致点火系统出现故障。

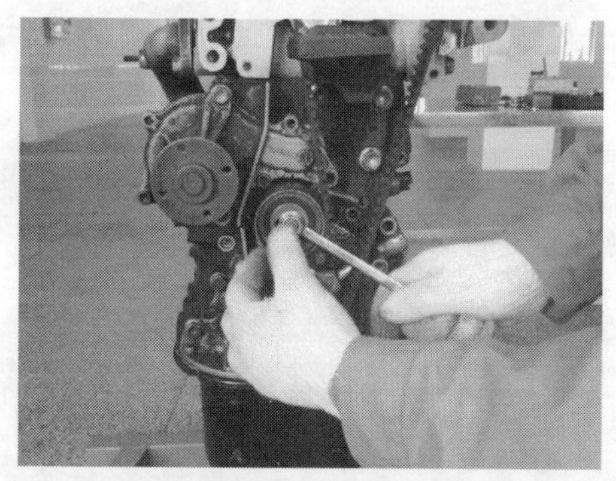

⑫ 拆下曲轴齿带轮安装螺栓。

⑬ 检查正时齿带张紧度。

⑭ 如挠度不合适，用木棒撬动惰轮，调整到合适位置后锁紧。

 质检提醒：

正时齿带张紧度：

新齿带挠度为5~6mm。过紧或过松将会造成异响。

⑮ 安装正时齿带导轮。

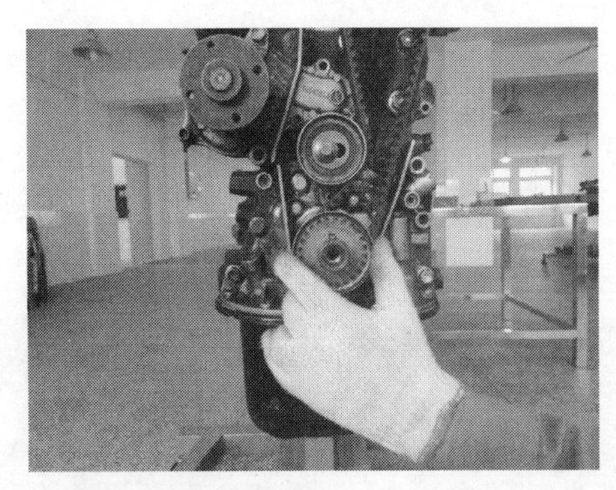

步骤六　安装正时齿带罩

① 安装正时齿带下罩盖。

② 安装曲轴齿带轮。

③ 安装正时齿带轮中罩盖。

④ 安装2号正时齿带罩。

质检提醒：

安装螺栓力矩为9.3 N·m。由于是塑料胶罩盖，紧固时用力一定要均匀。

步骤七　调整正时对准标记

① 将1号汽缸定位在压缩冲程上止点。

质检提醒：

对准正时标记。

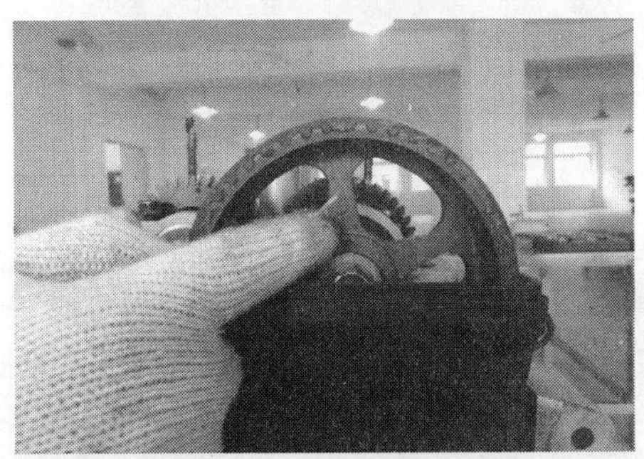

步骤八　安装气门室盖

① 安装气门室盖。

② 安装气门室盖固定螺栓。

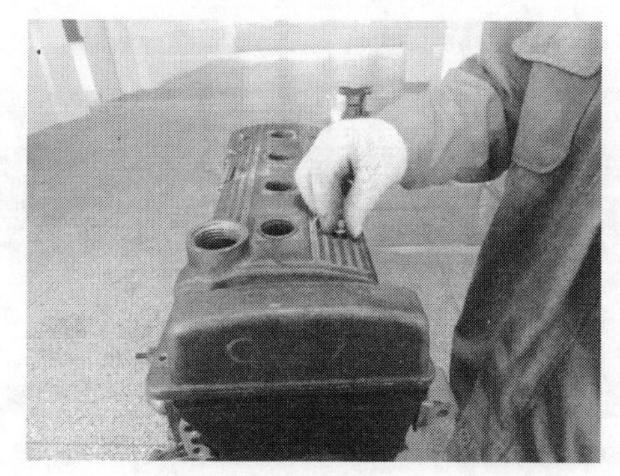

③ 安装机油加注口盖。

 质检提醒：

安装完成后，应及时对安装情况进行检查。

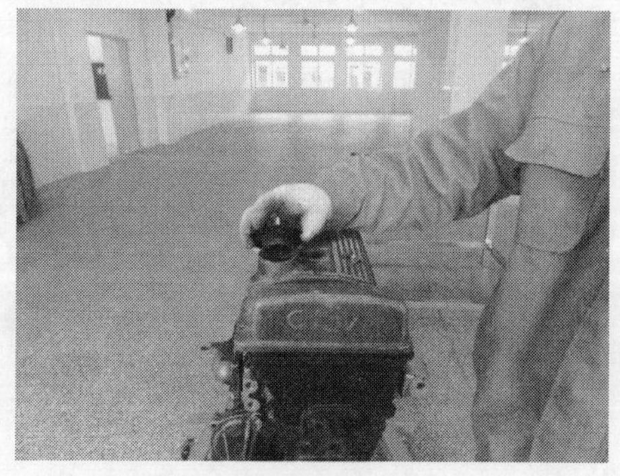

步骤九　清洁整理工位

❶ 清洁并整理好所有使用过的工量具。

❷ 清洁工作台，并将废弃物分类放置。

❸ 清洁地面，将场地恢复到作业前状态。

质检提醒：

良好的工作习惯和工作态度，能让客户对你产生更多的信任。整洁的工作环境可以带给每个人愉悦的心情。

知识窗

正时齿带（Timing belt）

正时齿带是发动机配气系统的重要组成部分，它通过与曲轴的连接并配合一定的传动比来保证进、排气时间的准确。使用齿带而不是齿轮来传动，是因为齿带噪声小、传动精确、自身变化量小而且易于补偿。但齿带的寿命要比金属齿轮短，因此要定期更换齿带。

正时齿带的作用是，当发动机运转时，活塞的行程（上下的运动）、气门的开启与关闭（时间）、点火的顺序（时间），在“正时”的连接作用下，时刻要保持“同步”运转。

正时，就是通过发动机的正时机构，让每个汽缸正好做到：活塞向上正好到上止点时，气门正好关闭、火花塞正好点火。

正时齿带属于耗损品，而且正时齿带一旦断裂，凸轮轴则不会按照着正时运转，此时极有可能导致气门与活塞撞击而造成严重毁损，所以正时齿带一定要依据原厂指定的里程或时间更换。

汽车发动机工作过程中，汽缸内不断发生进气、压缩、作功、排气四个过程，而且每个步骤的时机都要与活塞的运动状态和位置相配合，使进气与排气及活塞升降相互协调起来，正时齿带在发动机中扮演了一个“桥梁”的作用，在曲轴的带动下将力传递给相应机件。有许多高档轿车为保证正时系统工作稳定，采用金属链条来替代齿带。

正时齿带属于橡胶部件，随着发动机工作时间的增加，正时齿带和正时齿带的附件，如正时齿带张紧轮、正时齿带张紧器和水泵等都会发生磨损或老化。因此，凡是装有正时齿带的发动机，厂家都会有严格要求，即在规定的周期定期更换正时齿带及附件，更换周期则随着发动机的结构不同而有所不同，一般在车辆行驶到6万～10万km时应该更换，具体的更换周期应该以车辆的维护手册说明为准。

正时齿带一般是在8万km时考虑更换。因此，当汽车的总行驶里程到达8万km时，建议考虑更换。

实 训 报 告

项目：　　　　　　　　　　　　　　　实训时间：

实训任务		所属班级	
指导教师		操作人	
实训材料			
材料名称	规格型号	数量	是否更换

实训作业步骤：

实训结果：

实训总结：

本项目作业成绩评定：优秀（ ） 良好（ ） 及格（ ） 差（ ）

实训项目五

凸轮轴的拆装与测量

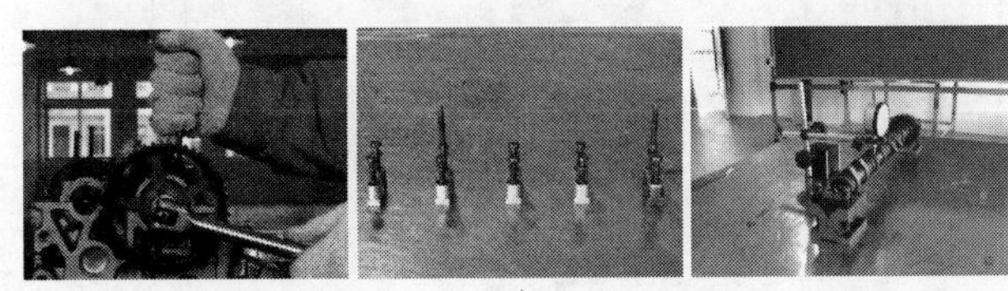

学习目标

1.能够正确拆装凸轮轴;
2.了解不同发动机拆装顺序要求及通用性原则;
3.能正确检测凸轮轴状况。

一 实训准备材料

序号	材料名	规格型号	数量
1	发动机秃机（带翻转架）	丰田8A	1
2	世达120件套	—	1
3	支架百分表	—	1
4	预置式扭力扳手	0~100N·m	1
5	压缩空气吹枪	快速接口	1
6	抹布	—	1
7	吸棒	—	1
8	橡胶锤	2P	1
9	游标卡尺	0~150mm	1
10	外径千分尺	—	1
11	一字螺丝刀	200mm	1
12	工件车	—	1
13	维修手册	丰田8A发动机	1

二 技术标准

序号	名称	标准值	修理条件或方法
1	8A发动机凸轮轴螺栓规定力矩	13 N·m（130kgf·cm）	—
2	使用维修螺栓固定主副齿轮	螺距1.0mm，螺栓长度16~20mm	—
3	凸轮轴弯曲跳动量	不超过0.06mm	更换
4	正时的调整	正时标记点	调整

三 作业要求

1.操作符合安全、规范化要求；
2.作业现场清洁、整齐、有序；
3.作业工单填写规范、数据准确；
4.正确填写修理意见。

四 应会技能

1.能正确选用及使用拆装工具；
2.根据检查结果给出正确的修理意见。

五 建议课时安排

30min。

六 实训步骤

步骤一 工位整理、工具配件清点

1 检查并整理好本次工作任务工具。

2 对相关配件及工作环境进行整理和清洁。

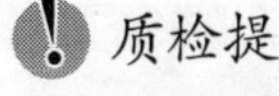

质检提醒：

充分的准备可以让你的工作更有成效。

步骤二　拆卸凸轮轴正时齿带轮

❶ 用扳手夹持凸轮轴的六角头部分，并松开凸轮轴正时齿带轮螺栓。

质检提醒：

使用扳手时，注意不要让扳手损坏汽缸盖。

❷ 拆下凸轮轴正时齿带螺栓和凸轮轴正时齿带轮。

步骤三　拆卸凸轮轴

注意：

由于凸轮轴的止推间隙很小，因此必须保持水平并竖直取出凸轮轴。如果凸轮轴不能保持水平，则可能因受到推力造成开裂或损坏。为避免损坏，必须按下述步骤进行操作：

❶ **转动凸轮轴的六角部分，将副齿轮的小孔转上来（它用来定位主齿轮和副齿轮）。**

质检提醒：

上述状态允许凸轮轴的1、3号汽缸的凸轮工作段同时顶到各自挺杆。

❷ **拆下两个螺栓和1号轴承盖。**

质检提醒：

拆除凸轮轴时，确保通过上述操作已经消除副齿轮扭转弹簧的弹力。

③ 使用维修螺栓固定主、副齿轮。

④ 按标出的顺序分几次均匀地拧松其余几个凸轮轴轴承盖螺栓。取下4颗标记螺栓时，用梅花扳手。

质检提醒：

取下轴承盖时，检查轴承盖上是否有位置标记，如没有或不清楚，应进行标志，拆下的物件应按顺序整齐放置于工件车上。

⑤ 拆下4个轴承盖和凸轮轴。

⑥ 如果凸轮轴没有被水平地向上顶起，用2个螺栓重新安装轴承盖。然后向上拉起凸轮轴并交替地拧松，拆下轴承盖螺栓。

⑦ 拆下凸轮轴定位油封。

（1）转动2号凸轮轴的六角部分，使定位销位于2号凸轮轴垂直中心线偏右的位置。

（2）拆下2个螺栓、凸轮轴定位油封和1号轴承盖。

 质检提醒：

如果1号轴承盖不能用手拆除，不要试图强行用力。

⑧ 拆下2号凸轮轴。按标出的顺序分几次均匀地拧松其余几个轴承盖螺栓。拆下2个螺栓和4号轴承盖。拆下4个轴承盖和2号凸轮轴。

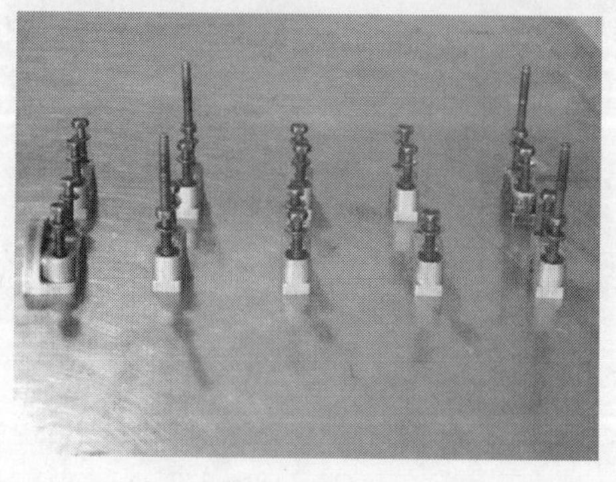

质检提醒：

按正确顺序拆卸螺栓，可有效避免因误操作引起的凸轮轴变形。取下轴承盖时，可用螺栓插入螺孔，前后轻摇即可取下，切不可用金属器物强行撬动。

步骤四　检测凸轮轴

❶ 凸轮轴弯曲的检测，将V形块和磁性表座放置在平规上，凸轮轴两端支撑在V形块上，百分表触杆作用在凸轮轴中间的轴颈上，并有1~2mm的压缩量，然后将百分表调零，转动凸轮轴一周，注意观察百分表上的读数。凸轮轴弯曲的跳动量一般不超过0.06mm。

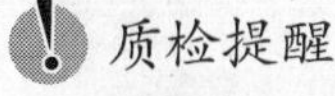

质检提醒：

应保证平规、V形块和凸轮轴等的清洁，凸轮轴轴颈和V形块接触面涂抹少量机油，百分表触杆要避开轴颈油孔，转动凸轮轴时用力要柔和。

② 凸轮磨损的检测。使用外径千分尺在每个凸轮的前后两个位置检测它们的尺寸。

质检提醒：

凸轮的高度磨损一般不超0.15mm，否则更换凸轮轴。

③ 凸轮轴轴颈磨损的检测。

用外径千分尺，在每个轴颈前后每个截面圆上，分别检测垂直和水平方向直径。

质检提醒：

测量前，应对外径千分尺进行校准。使用后，将工具清洁干净后方可放回工具盒内。

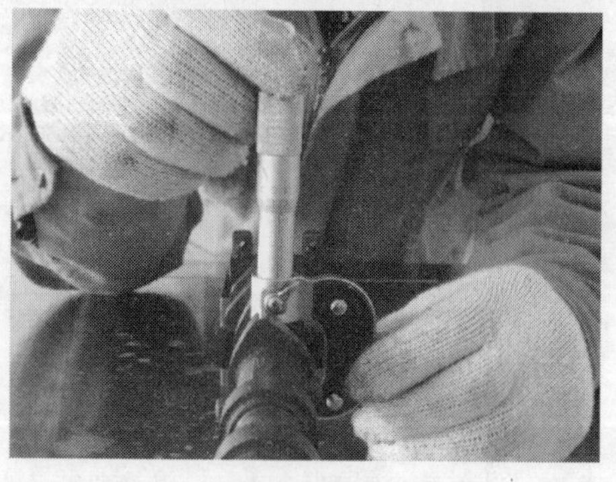

步骤五　安装凸轮轴

❶ 安装2号凸轮轴

（1）在2号凸轮轴的止推位置涂抹黄油。

（2）放置2号凸轮轴，使定位销定位在凸轮轴的垂直中心线偏右的位置。

（3）清除所有旧的密封填料涂。

（4）按图所示，将密封填料涂在汽缸盖上。

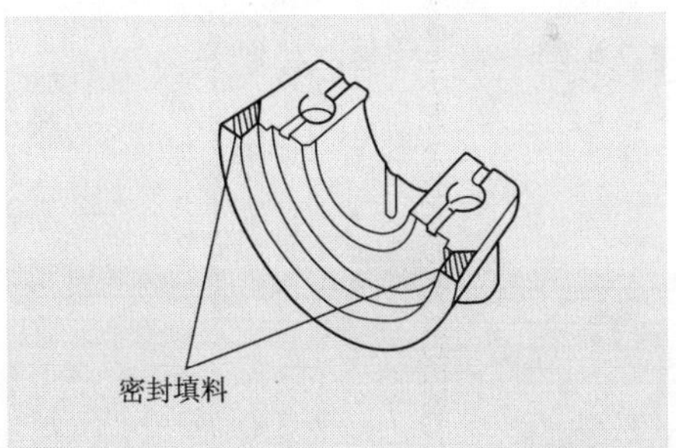

（5）将相应轴承盖装在各自位置上。

（6）在轴承盖螺栓的螺纹和螺栓头下部涂一薄层机油。

（7）按维修手册规定顺序，分几次均匀拧紧轴承盖螺栓。

（8）安装凸轮轴定位油封。

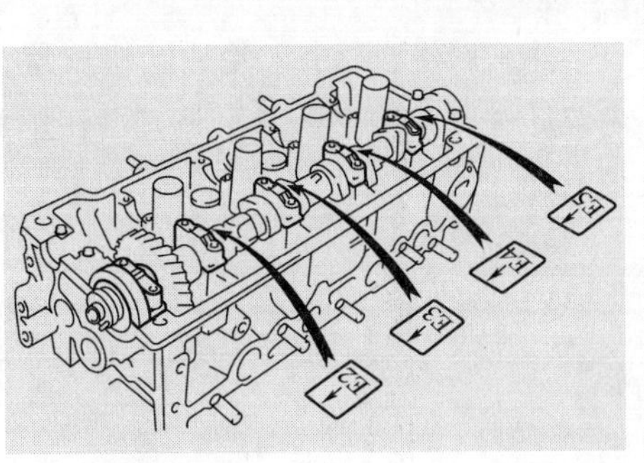

 质检提醒：

不要将油封装错方向，另外，把油封插到汽缸盖的最深处。

② 安装1号凸轮轴。

（1）定位2号凸轮轴，以便使定位销位于汽缸盖顶部稍微偏上的位置。

（2）在凸轮轴的止推位置涂抹黄油。

（3）匹配每个齿轮的安装标记，让进气凸轮轴齿轮与2号凸轮轴齿轮相啮合。

（4）沿着两个齿轮的啮合位置，向内滚动进气凸轮轴，直至将其落在轴承轴颈上。

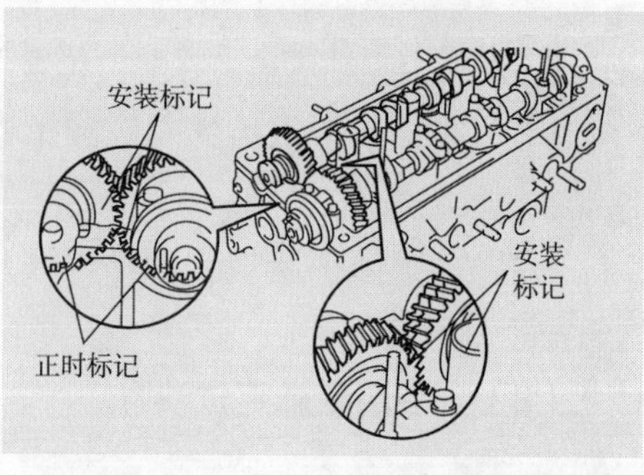

（5）将相应轴承盖安装在各自的位置上。

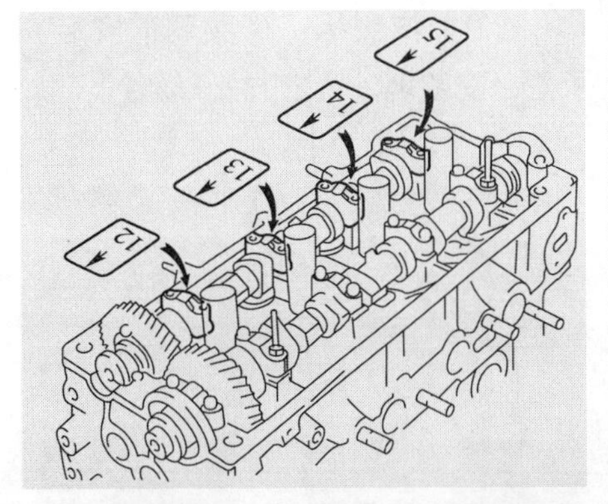

（6）在轴承盖螺栓的螺纹和螺栓头下部涂一薄层机油。

（7）按维修手册规定顺序分几次均匀拧紧轴承盖螺栓。

（8）拆下维修螺栓。

（9）依照标记箭头朝前安装1号轴承盖，交替地拧紧2个轴承螺栓。

（10）顺时针转动2号凸轮轴，使定位销朝上。

质检提醒：

检查凸轮轴齿轮正时标记是否对准。

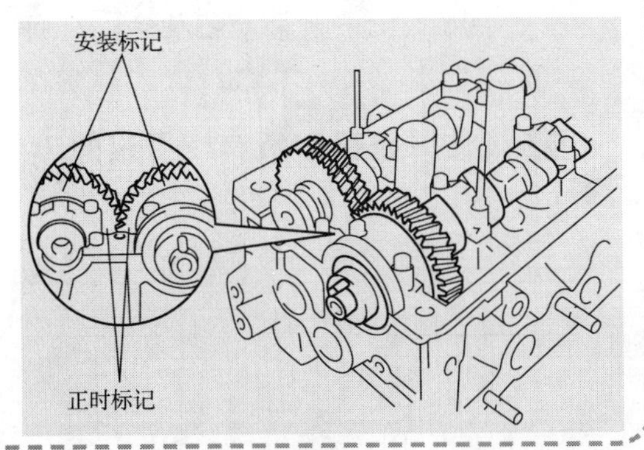

步骤六　安装凸轮轴正时齿带轮

❶ 将凸轮轴定位销对准齿带轮标记的定位销槽（在正时齿带轮侧）。

❷ 临时安装凸轮轴正时齿带轮螺栓。

❸ 夹持凸轮轴六角部位，拧紧凸轮轴正时齿带轮螺栓。

步骤七　清洁整理工位

① 清洁并整理好所有使用过的工量具。

② 清洁工作台，并将废弃物分类放置。

③ 清洁地面，将场地恢复到作业前状态。

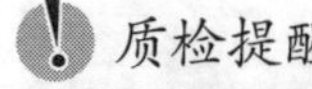

质检提醒：

作业项目完成后，要做好工位的清洁、清理、清扫、整理和整顿工作，养成良好的工作习惯。

知识窗

凸轮轴（Camshaft）

凸轮轴是发动机配气机构的一部分，专门负责驱动气门按时开启和关闭，其作用是保证发动机汽缸在工作中定时吸入新鲜的可燃混合气，并及时将燃烧后的废气排出汽缸。凸轮轴直接通过摇臂驱动气门，适用于高转速的发动机。由于转速较高，为保证进、排气和传动效率、简化传动机构、降低高转速的振动和噪声，配气机构多采用顶置式气门和顶置式凸轮轴，这样，发动机的结构也比较紧凑。但顶置式凸轮轴的缺点是，由于部件的布置及设计比较复杂，维修起来也比较麻烦。

轿车发动机按照顶置凸轮轴的数目，分为顶置单凸轮轴和顶置双凸轮轴。当每缸采用两个以上气门时，气门排列形式一般有两种：

一是进气门和排气门混合排列在一根凸轮轴上，即顶置单凸轮轴（SOHC）;另一种是进气门与排气门分列在两根凸轮轴上，即顶置双凸轮轴（DOHC）。前者的所有气门由一根凸轮轴通过顶杆驱动，但因气门在进气道中所处位置不同，所以不能保持动作的精确性，效果要稍差一些。而后者则无此缺点，因此可以获得更好的性能，但需多配备一根凸轮轴，近年来推出的新型发动机多采用这种形式。一般来说，DOHC的运动性比较高，F1赛车应用较多，但是其制造工艺复杂、成本较高；SOHC的配置相对较简易、使用耐久性较好，既可以适应一般客户的动力性要求，也可以适应其对经济性的要求。

实 训 报 告

项目：　　　　　　　　　　　　实训时间：

实训任务		所属班级	
指导教师		操作人	
实训材料			
材料名称	规格型号	数量	是否更换

实训作业步骤：

实训结果：

实训总结：

本项目作业成绩评定：优秀（　）　良好（　）　及格（　）　差（　）

实训项目六

汽缸盖分总成的拆装与测量

学习目标

1.能够正确拆装汽缸盖分总成；
2.了解不同发动机拆装顺序要求及通用性原则；
3.能正确测量汽缸盖分总成结合面的平面度。

一 实训准备材料

序　号	材　料　名	规格型号	数　量
1	发动机秃机（带翻转架）	丰田8A	1
2	长套筒	10mm12花键	1
3	预置式扭力扳手	0~100N·m	1
4	转角扳手	1/2接口	1
5	短接杆	1/2接口	1
6	刀口尺	500mm	1
7	塞尺	0.02mm	1
8	压缩空气吹枪	快速接口	1
9	机油壶	小	1
10	铲刀	—	1
11	汽缸盖垫	—	1
12	抹布	—	1
13	吸棒	—	1
14	橡胶锤	2P	1
15	钢丝刷	小	1
16	洗油盆	600mm × 800mm	1
17	一字螺丝刀	200mm	1
18	工件车	—	1

二 技术标准

序　号	名　称	标　准　值	修理条件或方法
1	汽缸盖分总成配合表面平面度	<0.05mm	铣或更换
2	缸盖螺栓A长度	108mm	更换
3	缸盖螺栓B长度	90mm	更换
4	缸盖螺栓紧固力矩	29N·m+两个90°	标记

注：长度超出最大值后，应更换。

三 作业要求

1.操作符合安全、规范化要求；
2.作业现场清洁、整齐、有序；
3.作业工单填写规范、数据准确；
4.正确填写处理意见。

四 应会技能

1.能正确选用及使用拆装、测量工具；
2.根据测量数据给出正确的修理意见。

五 建议课时安排

30min。

六 实训步骤

步骤一　工位整理、工具配件清点

① 检查并整理好本次工作任务工具。

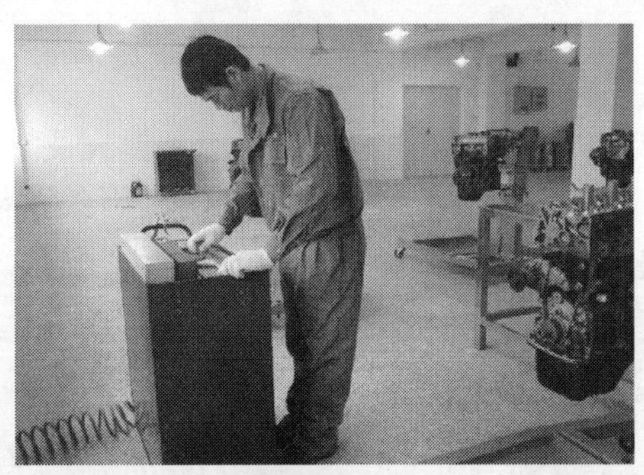

② 对相关配件及工作环境进行清理。

质检提醒：

充分的准备可以让你的工作更有成效。

步骤二　气门挺杆拆卸

❶ 用吸棒取下气门组挺杆。

❷ 检查调整垫片磨损情况。

❸ 按顺序整齐放置工件。注意调整垫片可能会和顶筒脱开。

 质检提醒：

如果作业不涉及更换气门顶筒或调整垫片，不可打乱原有顺序，这样可以有效减少工作量。

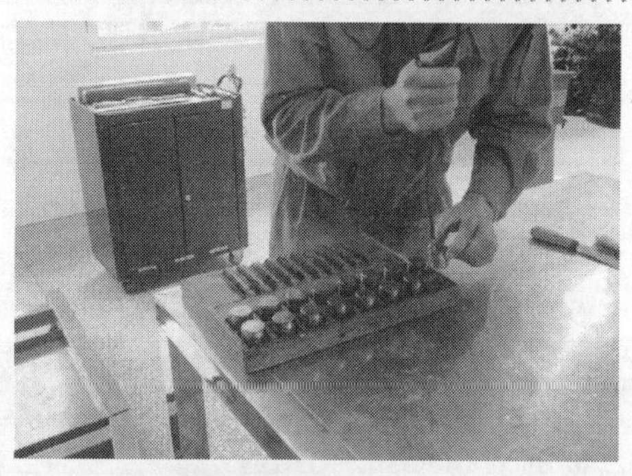

步骤三　拆卸汽缸盖螺栓

❶ 选用转角扳手、短接杆、长套筒工具组合。

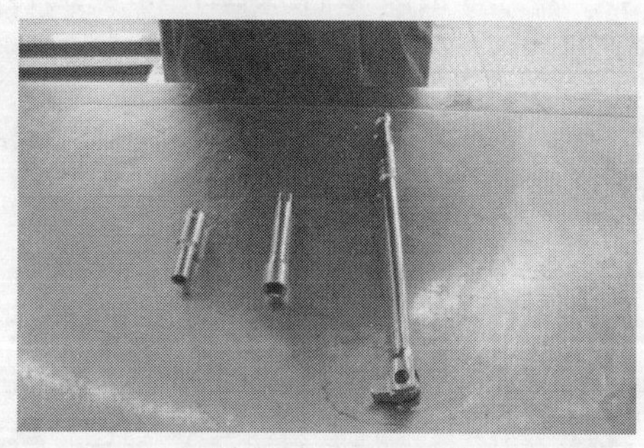

② 按图示顺序分2到3次拧松汽缸盖螺栓。拆卸时，按10、9、8的顺序进行。

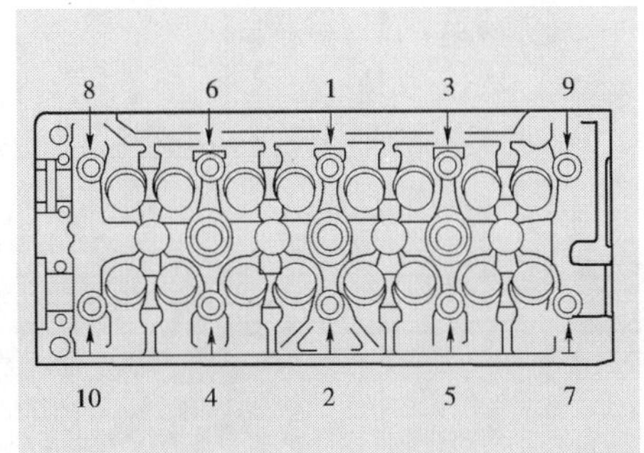

③ 无论松动或是紧固螺栓，都必须用扳手向身体一侧加力，这样可以保证操作安全。

④ 取下汽缸盖螺栓。

⑤ 按拆下顺序整齐、有序地将零件放置到专用工件台上。

⑥ 清洗汽缸盖螺栓。

⑦ 检查螺纹。查看螺栓螺纹有无损坏、裂纹、变形等。

⑧ 测量螺栓长度。A螺栓108mm，B螺栓90mm。

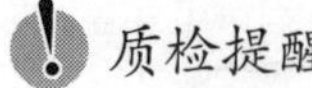

质检提醒：

按丰田汽车维修要求，汽缸盖螺栓为一次性配件，但在实际作业过程中，只要螺栓无变形，实际长度不超过标准值1mm，仍可使用。

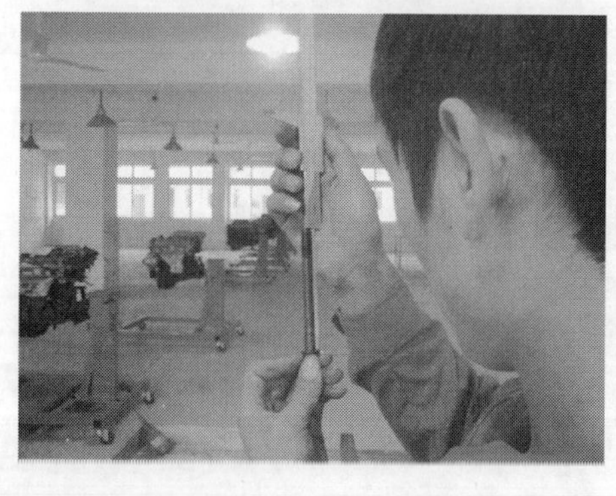

步骤四 取下汽缸盖

① 由于气体压力造成的黏结作用，汽缸盖不容易取下，可用橡胶锤轻敲汽缸盖四周端部。此时，注意用另一只手扶住缸盖，避免滑落。

② 用至少200mm以上一字螺丝刀撬动缸盖周边缝隙，直到松动为止。

③ 取下汽缸盖，双手抱住缸盖两端，竖直向上提起。

④ 将汽缸盖放置到工作台上的木质工架上。

 质检提醒：

缸盖提起高度至少高于两端定位销，否则可能划伤缸盖表面。

步骤五 检查汽缸盖垫

① 用双手从两端往中间掀起并取下汽缸盖垫，这样可以减少汽缸盖垫在汽缸体上造成的黏结。

② 检查汽缸盖垫的工作情况，看密封连接处有无油水泄痕。

 质检提醒：

汽缸盖垫属于一次性配件，只要使用过，就不能再次使用。检查汽缸盖垫的目的是为了找出可能存在的故障部位。

步骤六　清洁、检查汽缸盖

① 将汽缸盖分总成倒置于工作台缸盖垫木上，注意检查火花塞安装导管不能与桌面接触。

② 用铲刀铲除缸盖表面附着物，清洁燃烧室积炭。在用金属铲刀时，注意不能划伤缸盖表面及火花塞。

③ 用清洗剂将汽缸盖清洁干净，注意清理油道和水道中的污垢。

④ 使用压缩空气吹干汽缸盖。注意防止飞溅物进入眼中或污染工作环境。

⑤ 用刀口尺和塞尺测量汽缸盖翘曲度，至少测量两条斜线、两条纵线和两条横线。翘曲度最大允许值为0.05mm。

质检提醒：

刀口尺和塞尺是精密测量仪器，在测量前后应清洁干净，并进行保养。

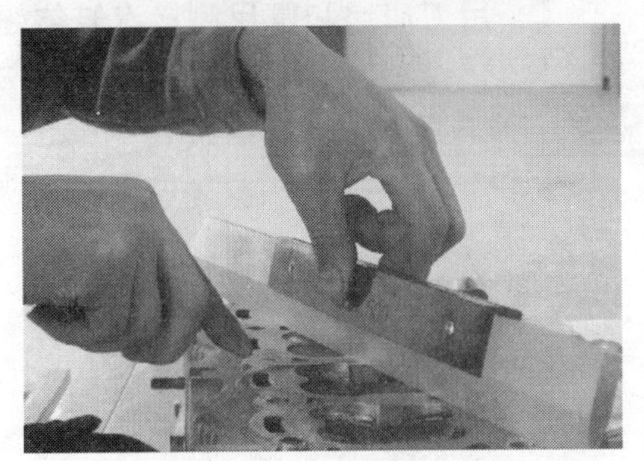

步骤七　清洁并测量汽缸体表面、安装汽缸盖垫

① 取下定位销并进行清洁。

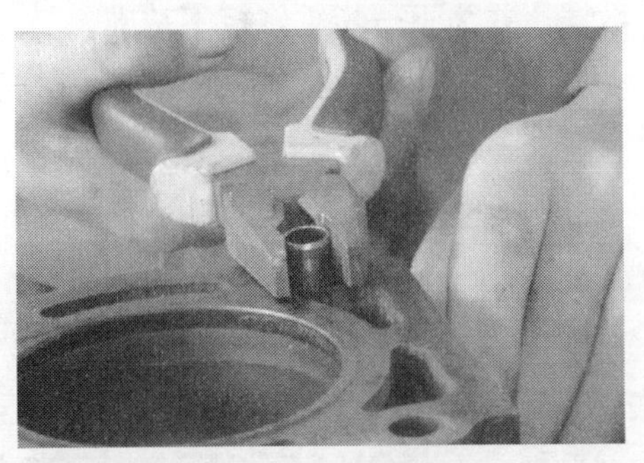

② 用铲刀对缸体积炭及黏附物进行清除，注意别把碎屑掉进水道和油道。

③ 用干净擦拭布清洁并用压缩空气吹净螺栓孔内的油和水。

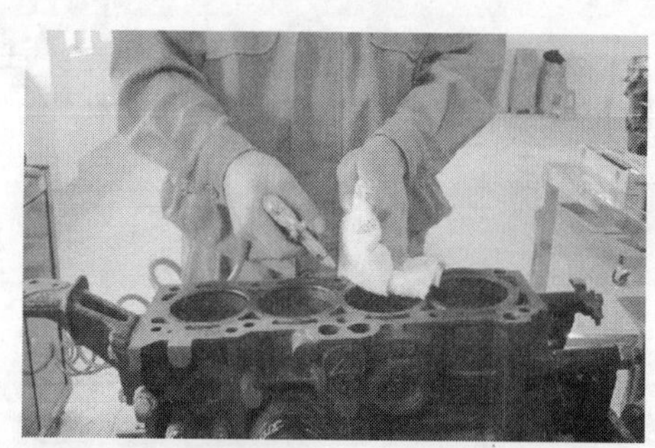

④ 用刀口尺和塞尺测量汽缸体翘曲度，至少测量两条斜线、两条纵线和两条横线。翘曲度最大允许值为0.05mm。

⑤ 安装定位销和新的汽缸盖垫，注意标记向上。

质检提醒：精细的测量可获得准确的数据，并为下一步维修打下基础。

步骤八　安装汽缸盖分总成

① 双手平抱汽缸盖，对准定位销位置后将其轻放在汽缸体上。注意防止汽缸垫移位。

❷ 检查汽缸盖分总成与缸体之间的配合是否到位。

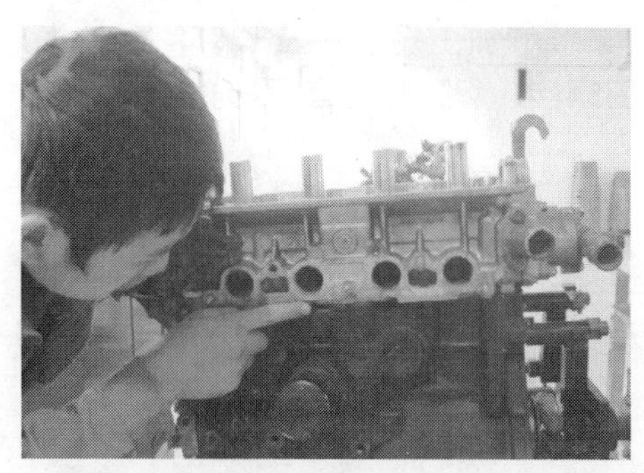

❸ 按原螺栓摆放顺序逐缸放回螺栓，并用手旋转至少3圈以上。如遇到较大阻力，应检查螺栓丝锥或螺栓是否放正。

❹ 用摇杆和10mm长套筒按图示顺序（1、2、3…）紧固螺栓到较用力时为止。

❺ 将预置式扭力扳手调整至29N·m，加上短接杆及10mm长套筒按顺序紧固螺栓，听到警告音时停止。

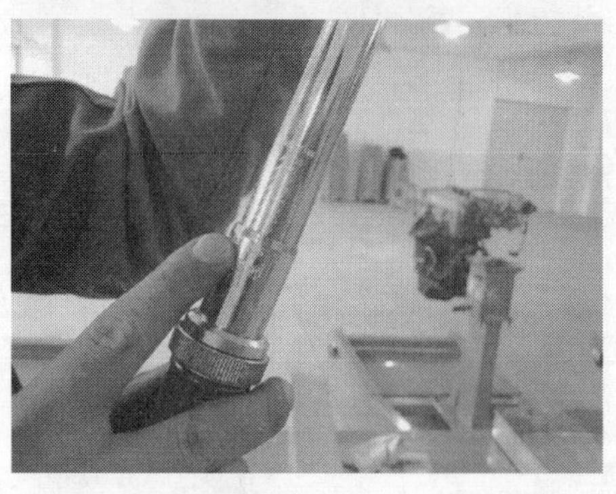

⑥ 加上短接杆及长套筒，按顺序紧固螺栓，听到警告音后停止。

⑦ 用油漆或记号笔在螺栓和孔壁之间做上标记。

⑧ 用转角扳手、短接杆、10mm12花键套筒工具组合，按图示顺序紧固螺栓两个90° 。紧固时用力应均匀，工具只能向身体内侧拉动。

❾ **检查标记位置是否够180°，不足可稍作紧固，超过量不大可以不用处理。**

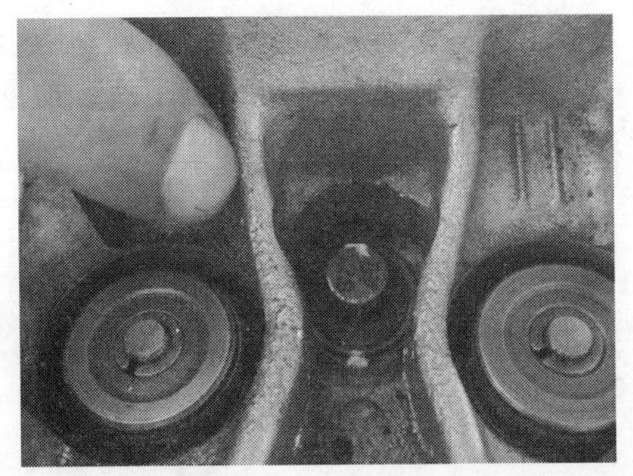

质检提醒：

合理的紧固顺序和力矩是保证安装质量的基础。清洁工作可以确保发动机的使用寿命。

步骤九　安装气门挺杆

❶ **清洗气门挺杆及调整垫片。**

❷ **用压缩空气吹干气门挺杆。**

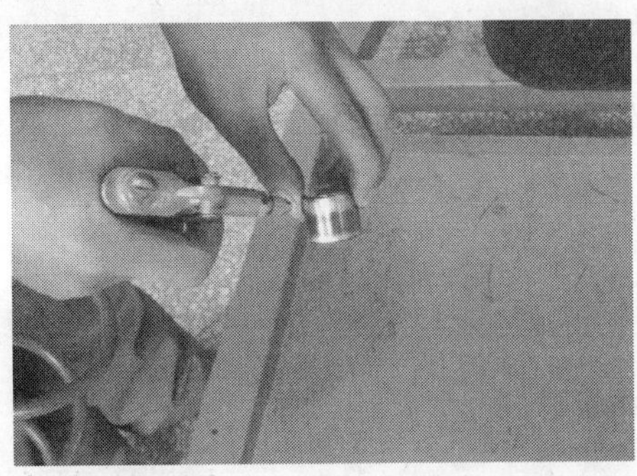

❸ **在挺杆上涂抹干净的润滑油**（与发动机机油同型号）。

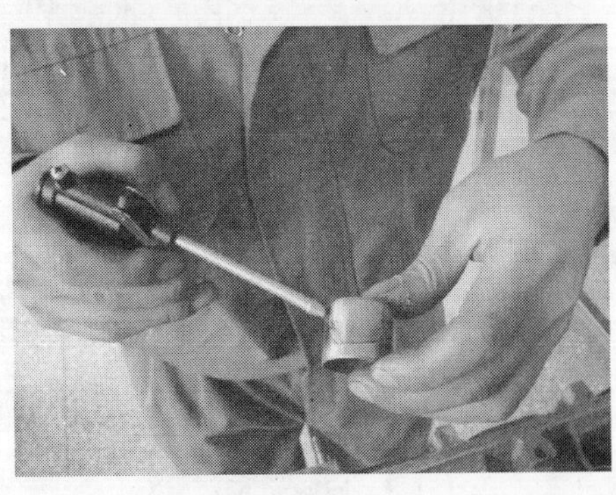

4 将挺杆安装在气门弹簧上端。装配时如遇到阻力切不可强行下压，应取出检查，以免造成损坏。

质检提醒：

细致地处理每一个细节，可以让你的工作更加出色。

步骤十　工具清洁、工位整理

1 清洁并整理好所有使用过的工量具。

2 清洁工作台，并将废弃物分类放置。

3 清洁地面，将场地恢复到作业前状态。

 质检提醒：

良好的工作习惯和工作态度，能让客户对你产生更多的信任。整洁的工作环境可以带给每个人愉悦的心情。

知识窗

汽缸盖(Cylinder head)

汽缸盖用来封闭汽缸并构成燃烧室。侧置气门式发动机汽缸盖包括水套、进水孔、出水孔、火花塞孔、螺栓孔、燃烧室等。顶置气门式发动机汽缸盖，除了冷却水套外，还有气门装置、进气和排气通道等。

汽缸盖作用。缸盖在内燃机中属于配气机构,主要是用来封闭汽缸上部,构成燃烧室，并作为凸轮轴和摇臂轴还有进、排气管的支撑，并把空气吸到汽缸内部,火花塞将可燃混合气体点燃,带动活塞作功,废气从排气管排出。

常见故障一般有，气门间隙过大或过小,导致气门异响;汽缸盖上凸轮轴位置传感器失效（不过这种情况很少,一般都是气门故障）。还有比较大的故障就是油水混合，发生这种情况一般都是缸盖与汽缸的结合面有贯通性的划伤,或者汽缸垫密封不严。这种情况需要发动机大修。

实 训 报 告

项目：　　　　　　　　　　　　实训时间：

实训任务		所属班级	
指导教师		操作人	
实训材料			
材料名称	规格型号	数量	是否更换

实训作业步骤：

实训结果：

实训总结：

本项目作业成绩评定：优秀（ ） 良好（ ） 及格（ ） 差（ ）

实训项目七

气门组的拆装与测量

学习目标

1.能够正确拆装气门组；

2.能正确测量气门组各相关零件。

一 实训准备材料

序 号	材 料 名	规格型号	数 量
1	发动机秃机（带翻转架）	丰田8A	1
2	世达120件套	—	1
3	游标卡尺	—	1
4	尖嘴钳	—	1
5	百分表	—	1
6	外径千分尺	—	1
7	压缩空气吹枪	快速接口	1
8	机油壶	小	1
9	铲刀	—	1
10	抹布	—	1
11	吸棒	—	1
12	胶榔头	2P	1
13	钢丝刷	小	1
14	洗油盆	600mm × 800mm	1
15	一字螺丝刀	200mm	1
16	气门弹簧压缩器SST	—	1
17	刮刀	—	1

二 技术标准

序 号	名 称	标 准 值	修理条件或方法
1	气门弹簧自由长度	38.57mm	更换
2	气门弹簧偏移量	< 2mm	更换
3	进气门总长	87.45~86.95 mm	更换

续上表

序　号	名　　称	标　准　值	修理条件或方法
4	进气门杆直径	5.974 ~5.985 mm	更换
5	气门头部边缘厚度	0.8~1.2mm、最小0.5mm	更换
6	排气门总长	87.35 ~87.84mm	更换
7	排气门杆直径	5.965 ~5.980 mm	更换
8	气门导管衬套直径	6.010 ~6.030 mm	—
9	导管衬套标准油膜间隙（进气）	0.025~0.060mm	—
10	导管衬套标准油膜间隙（排气）	0.030~0.065mm	—
11	导管衬套最大油膜间隙（进气）	0.080mm	超出则更换
12	导管衬套最大油膜间隙（进气）	0.100mm	超出则更换
13	气门挺杆	标准油隙：0.024~0.059mm， 最大油隙：0.07mm	超出则更换

三 作业要求

1.操作符合安全、规范化要求；
2.作业现场清洁、整齐、有序；
3.作业工单填写规范、数据准确；
4.正确填写处理意见。

四 应会技能

1.能正确选用及使用拆装、测量工具；
2.根据测量数据给出正确的修理意见。

五 建议课时安排

45min。

六 实训步骤

步骤一　工位整理、工具配件清点

1 检查并整理好本次工作任务的工具。

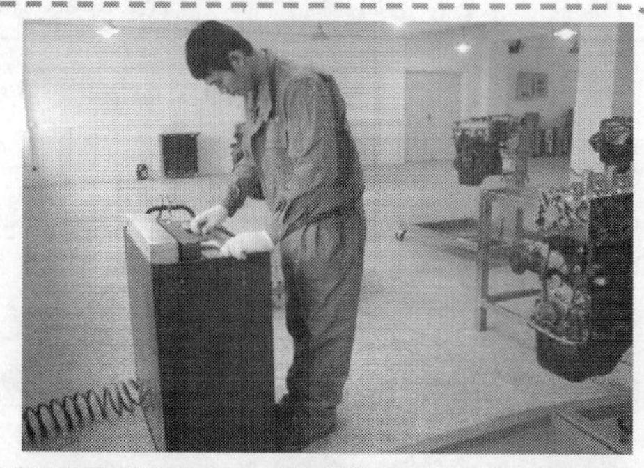

2 对相关配件及工作环境进行清理。

 质检提醒：

充分的准备可以让你的工作更有成效。

步骤二 拆卸气门挺杆

1 拆卸气门挺杆。

从汽缸盖上拆下气门挺柱。

2 按正确的顺序摆放拆下的零件。

❸ 拆卸气门杆调整垫片。

步骤三　拆卸进气门

❶ 用SST和木块，压缩气门弹簧，并拆下气门座圈锁片。

❷ 用吸铁棒取下气门座圈锁片。

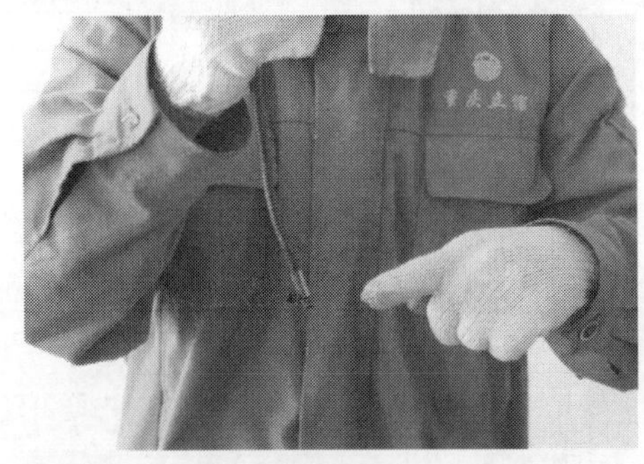

❸ 拆下弹簧座圈。

④ 拆下气门弹簧垫片。

⑤ 拆下气门弹簧。

⑥ 拆下气门。

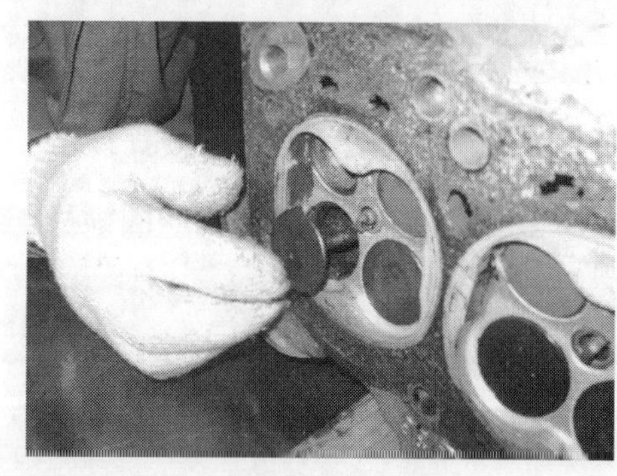

步骤四　拆卸排气门

① 用SST和木块压缩并拆下气门座圈锁片，拆下弹簧座圈。

② 取下气门。

③ 将拆下的零件整齐地放置到零件盒中。

质检提醒：
有序的摆放可以提高工作效率。

步骤五　拆卸气门油封

① 用尖嘴钳夹紧气门油封。

② 取出气门油封。

质检提醒：
按正确的顺序摆放拆下的零件。

步骤六　拆卸气门弹簧座平垫圈和导管衬套

（1）拆卸气门弹簧座平垫圈。用压缩空气和吸铁棒，吹入空气以拆下气门弹簧座平垫圈。

（2）拆卸气门导管衬套。将汽缸盖加热到80~100℃，将汽缸盖放到木块上，使用SST和锤子，敲出导管衬套。

步骤七　清洁气门

❶ 使用垫片铲刀，铲掉气门顶部的积炭。

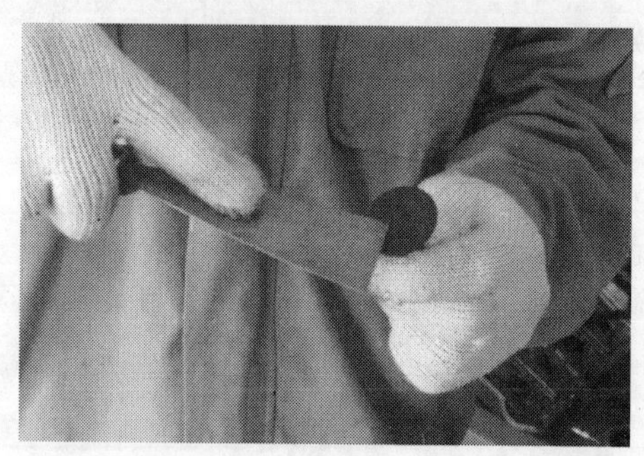

❷ 使用钢丝刷彻底清洁气门。

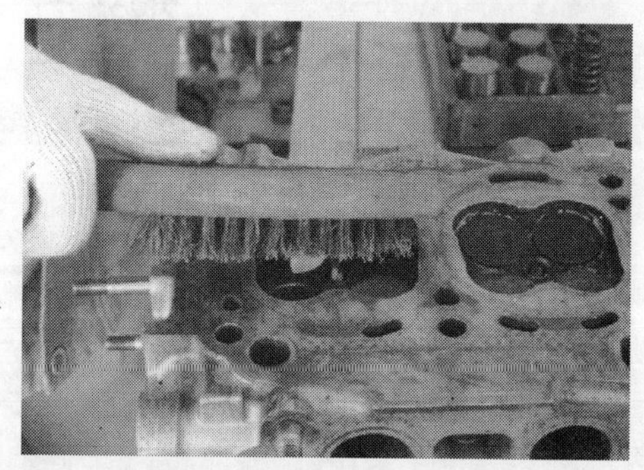

步骤八　检查气门挺杆

❶ 使用游标卡尺测量汽缸盖挺杆孔直径。挺杆孔径应为：31.000~31.025mm。

② 使用外径千分尺测量挺筒直径。

挺杆直径应为：30.966~30.976mm。

质检提醒：

如果间隙大于最大值，则更换挺杆。用挺杆孔径减去挺杆直径，标准油隙为：0.024~0.059mm，最大油隙：0.07mm。

步骤九　检查压缩弹簧

① 使用游标卡尺测量气门弹簧的自由长度。

质检提醒：

气门弹簧自由长度为38.57mm，如果自由长度不符合规定，则更换气门弹簧。

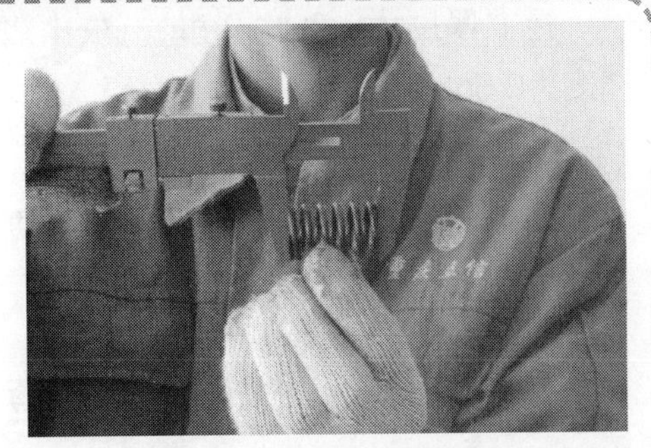

② 用钢尺测量气门弹簧的偏移量。

质检提醒：

气门弹簧最大偏移量为2.0 mm，如果偏移量大于最大值，则更换气门弹簧。

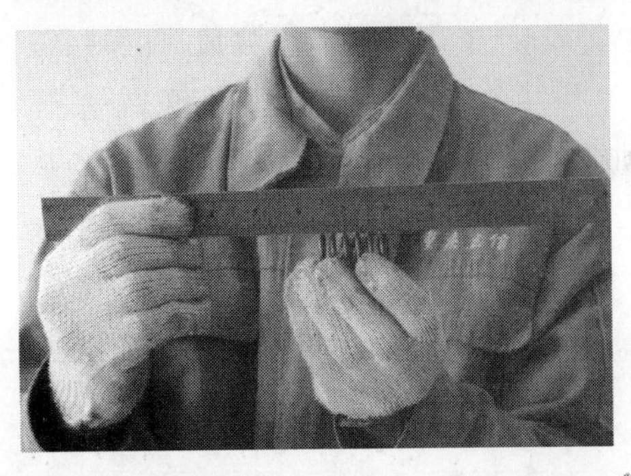

步骤十　检查气门

① 用游标卡尺测量气门总长，进气门：标准总长为87.45mm，最小总长为86.95mm。排气门：标准总长为87.84mm，最小总长为87.35mm。

质检提醒：

如果总长小于最小值，则更换气门。

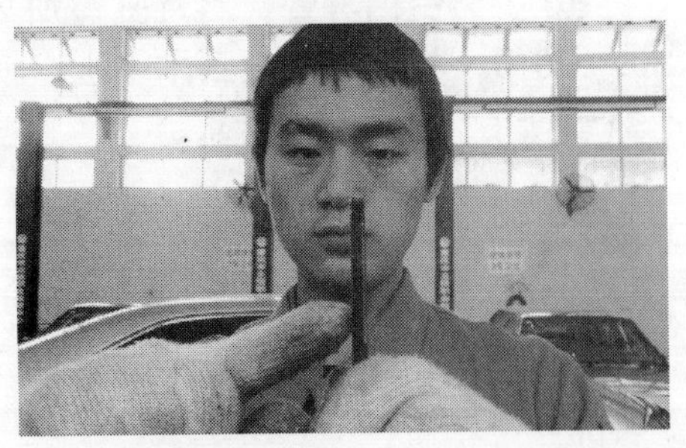

②用外径千分尺测量气门杆直径，进气门：气门直径为5.974~5.985 mm。排气门：气门直径为5.965~5.980 mm。

质检提醒：

如果气门杆直径不符合规定，则检查油膜间隙。

③用游标卡尺测量气门头部边缘厚度。

标准厚度为0.8~1.2mm，最小边缘厚度为0.5mm。

质检提醒：

如果边缘厚度小于最小值，则更换气门。

步骤十一　检查气门导管衬套油膜间隙

（1）用游标卡尺测量气门导管衬套的直径，衬套直径为6.010~6.030mm。

（2）导管衬套直径值减去气门杆直径测量值（标准油隙），进气为0.025~0.060mm，排气为0.030~0.065mm。

最大油膜间隙，进气为0.080mm，排气为0.100mm 。

质检提醒：

如果间隙大于最大值，则更换气门和气门导管衬套。

步骤十二　安装气门导管衬套、弹簧座平垫圈和油封

①安装气门导管，将汽缸盖加热到80~100℃，将汽缸盖放到木块上，使用SST和锤子，安装导管衬套。

② 将气门弹簧座平垫圈安装到汽缸盖上，在新油封上涂抹一薄层发动机机油，安装气门杆油封。

质检提醒：

安装进气门和排气门油封时应特别小心，如果安反，会导致以后的安装故障。

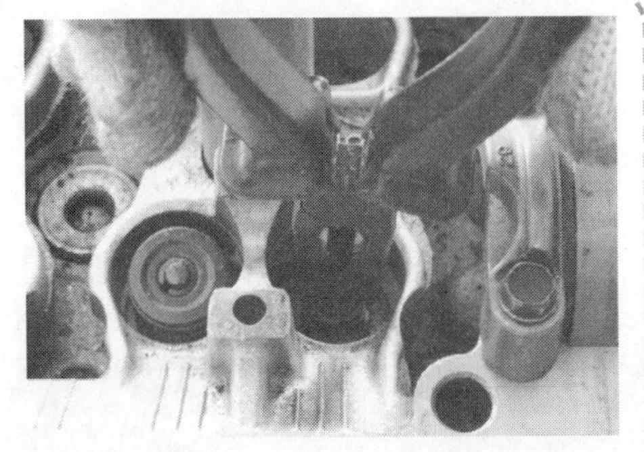

步骤十三　安装进气门

① 在进气门顶部涂抹足量的发动机机油。

② 将气门、压缩弹簧和弹簧座圈安装到汽缸盖上。

质检提醒：

将原来的零件按照原来的组合安装到原位。

③ 用SST和木块压缩弹簧并安装2个座圈锁片。

④ 用橡胶锤轻敲气门杆顶部，以确保安装到位。

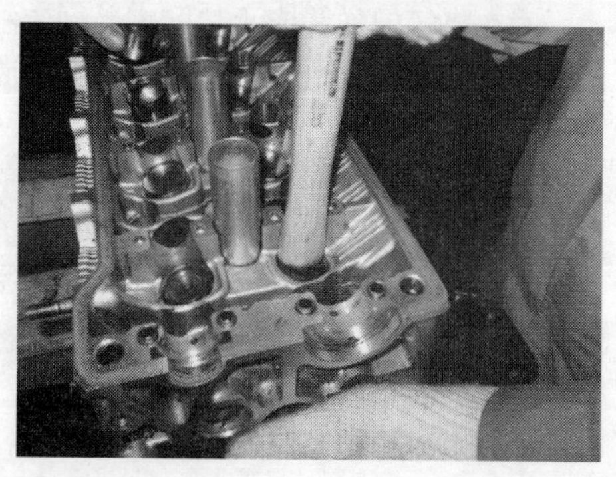

质检提醒：

小心不要损坏气门杆顶部以及座圈。

步骤十四　安装排气门

（1）在排气门顶部涂抹足量的发动机机油。

（2）将气门、压缩弹簧和弹簧座圈安装到汽缸盖上。

（3）用SST和木块压缩弹簧并安装2个座圈锁片。

（4）用橡胶锤轻敲气门杆顶部以确保安装到位。

质检提醒：

将原来的零件按照原来的组合安装到原位。同时，小心不要损坏气门杆顶部以及座圈。

步骤十五　安装气门挺杆

① 在气门挺杆上涂抹一薄层发动机机油。

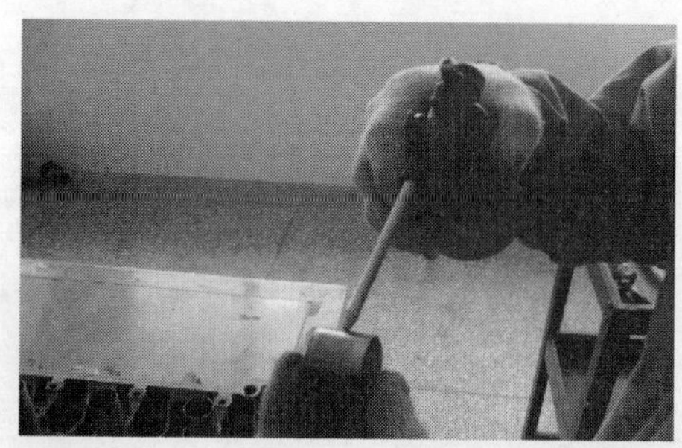

② 将气门挺杆安装到汽缸盖上。

3 用手指轻推挺杆，如有卡滞现象，不可强行用力，取下观察，找出原因。

步骤十六 工具清洁、工具整理

1 清洁并整理好所有使用过的工量具。

2 清洁工作台，并将废弃物分类放置。

3 清洁地面，将场地恢复到作业前状态。

质检提醒：

良好的工作习惯和工作态度，能让客户对你产生更多的信任。整洁的工作环境可以带给每个人愉悦的心情。

知识窗

发动机气门组构造及常见故障

气门组的结构主要包括气门、气门弹簧、气门锁夹等。通常情况下，进气口的直径要大于排气口，这主要是为了增加进气量，以提高燃烧效率，从而获得更好的动力输出。

气门个数有2、3、4、5四种情况，其中，目前较为常见的为4气门，原因有二。其一，相比2、3气门，4气门的气门直径小、同材料的情况质量会更轻，由于物体的惯性与质量成正比，因此4气门的运动惯性相对较小，从而会更加灵活，开启或关闭的角度也更精准。其二，5气门结构的制造更复杂，对应的生产成本和维修维护费用也会增加，且气门越多，各气门孔之间的厚度会相应变薄，从而降低缸盖强度，因此4气门的应用较广泛。

气门常见的问题由积炭引起，可能产生发动机加速不良、怠速不稳、冷车起动困难等现象。

实 训 报 告

项目：　　　　　　　　　　　　实训时间：

实训任务		所属班级	
指导教师		操作人	
实训材料			
材料名称	规格型号	数量	是否更换

实训作业步骤：

实训结果：

实训总结：

本项目作业成绩评定：优秀（ ） 良好（ ） 及格（ ） 差（ ）

实训项目八

气门座的绞削与研磨

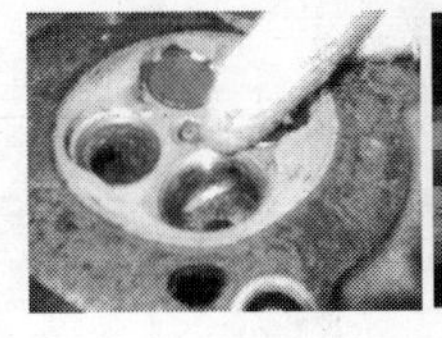

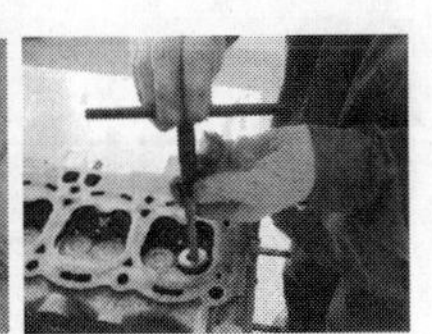

学习目标

1.能够正确拆装气门组；
2.能正确绞削气门及气门座；
3.掌握气门研磨技巧。

一 实训准备材料

序　号	材　料　名	规格型号	数　量
1	发动机秃机（带翻转架）	丰田8A	1
2	世达120件套	—	1
3	游标卡尺	—	1
4	铰刀	配套	1
5	机油壶	小	1
6	铲刀	—	1
7	抹布	—	1
8	吸棒	—	1
9	橡胶锤	2P	1
10	钢丝刷	小	1
11	洗油盆	600mm × 800mm	1
12	一字螺丝刀	200mm	1
13	气门弹簧压缩器SST	—	1
14	研磨膏	—	1

二 技术标准

序　号	名　称	标　准　值	修理条件或方法
1	接触带宽度	1.0 ~ 1.4mm	修磨或更换
2	气门锥角	44.5°	修磨或更换

三 作业要求

1.操作符合安全、规范化要求；
2.作业现场清洁、整齐、有序；
3.作业工单填写规范、数据准确；
4.正确填写处理意见。

四 应会技能

1.能正确选用及使用拆装、测量工具；
2.根据测量数据给出正确的修理意见。

五 建议课时安排

30min。

六 实训步骤

步骤一 工位整理、工具配件清点

1 检查并整理好本次工作任务工具。

2 对相关配件及工作环境进行清理。

质检提醒：
充分的准备可以让你的工作更有成效。

步骤二 拆卸进、排气门

1 拆卸进、排气门及气门挺杆。

❷ **修理气门。**

（1）磨削气门，去掉麻点和积炭。

（2）检查气门周围的工作面，纠正气门锥角。气门锥角：44.5°。

（3）检查气门端部。

质检提醒：

不要磨削气门至低于最小长度。

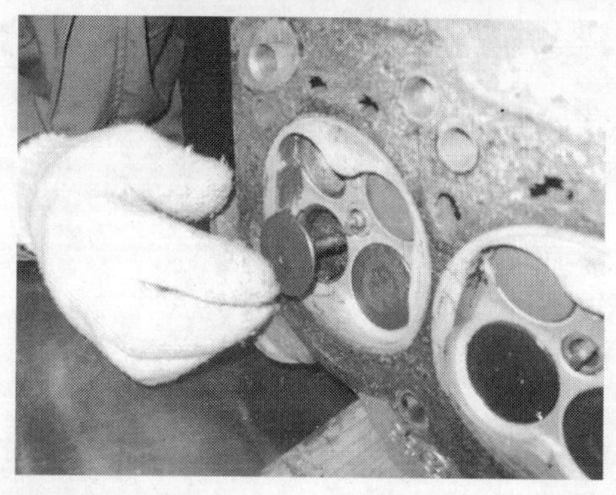

步骤三　清理、检查气门座

❶ **清理气门座。**

（1）使用45° 气门铰刀修复气门座。

（2）清理气门座时，只进行必要的刮削。

（3）检查气门座位置。

（4）在气门表面涂一薄层普鲁士蓝(或铅百)。轻轻地将气门压在气门座上，不要旋转气门。

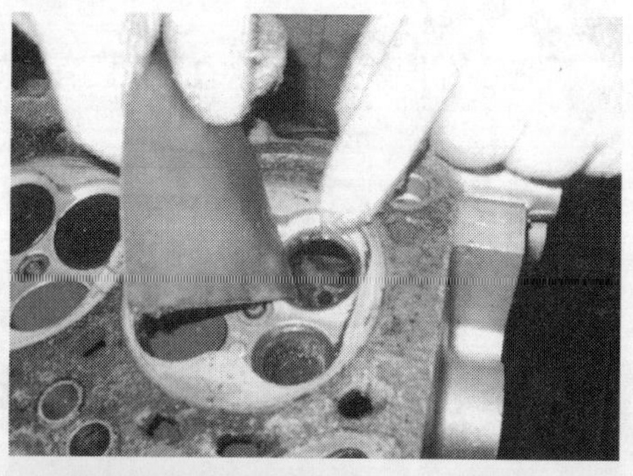

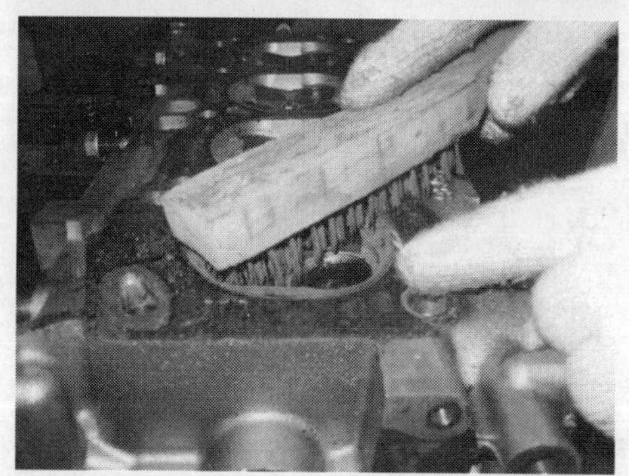

② 检查气门座。

（1）如果表面出现360° 蓝色，说明气门同轴，否则更换气门。

（2）如果在气门座表面出现360° 蓝色，说明导管和表面同轴，否则更换气门座。

（3）检查气门座接触面在气门锥面的接触带宽。接触带宽度：1.0～1.4mm。

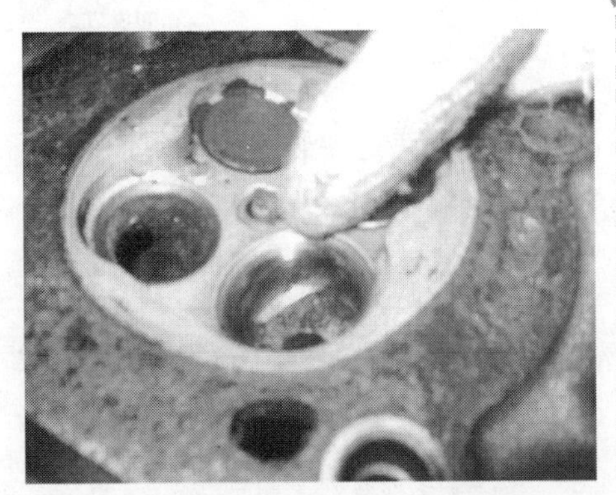

步骤四 修理气门座

① 修理气门座。

（1）如果气门座太低，使用60° 和45° 铰刀修正气门座。

（2）用研磨膏手工研磨气门和气门座。

（3）手工研磨后，清洁气门和气门座。

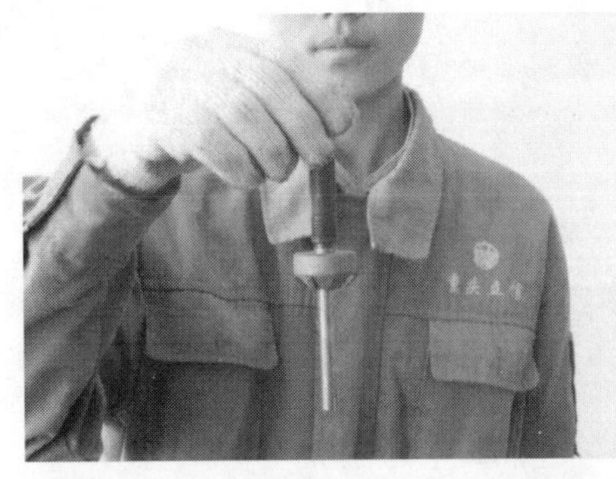

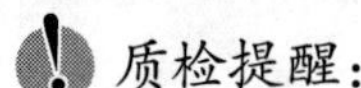

质检提醒：

慢慢地退出铰刀，可使气门座表面光滑。

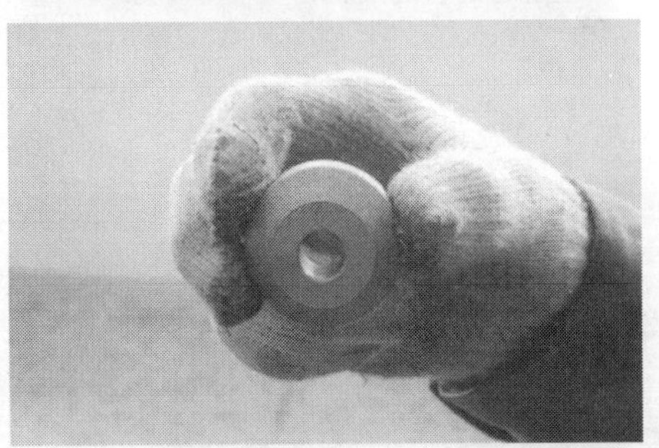

步骤五　安装进、排气门

按相关要求安装进、排气门。

质检提醒：

根据上个实训项目的步骤十三和步骤十四拆装气门要求，按规范进行装配。

步骤六　工具清洁、工位整理

1 将铰刀收入工具盒内。

质检提醒：

装入前，应对使用过的铰刀进行清洁，并涂抹润滑油防止锈蚀。

② 清洁工作台，并将废弃物分类放置。

③ 清洁地面，将场地恢复到作业前状态。

质检提醒：

良好的工作习惯和工作态度，能让客户对你产生更多的信任。整洁的工作环境可以带给每个人愉悦的心情。

知识窗

气门座松动后的快速修理方法

用磷酸—氧化铜无机胶进行黏结。首先，清理结合面。彻底清除座圈孔与座圈上的积炭和污物，然后用刮刀和粗砂纸将结合面铲刮、打磨干净，并形成一定的粗糙度。再用脱脂棉蘸上丙酮或三氯乙烯或香蕉水溶剂擦去结合面上的油渍。

其次是制胶。将固体粉状的氧化铜与液态磷酸按1mL磷酸溶液加3.5～4.5 g氧化铜粉（冬季适当多加）的配比混合时，先将氧化铜粉倒在调合板上（最好是铜质板），再少加一些磷酸，用竹片搅拌，边搅拌边加溶液，直到能拉出长丝时为止。

最后是胶接。用竹片将配制好的磷酸—氧化铜无机胶均匀地涂在经过处理的结合面上，然后将座圈装入孔内，再在结合缝处补涂一层胶，用小锤在座圈周围轻轻敲击，使胶充分填满缝隙。完成后，用喷灯烘烤，但要避免火焰直接烘烤胶的表面，以免造成胶层内产生气孔，影响胶接强度。若无喷灯，可在室温下自然凝固3～4h。

实 训 报 告

项目：　　　　　　　　　　　　　　实训时间：

实训任务		所属班级	
指导教师		操作人	
实训材料			
材料名称	规格型号	数量	是否更换
实训作业步骤：			
实训结果：			
实训总结：			

本项目作业成绩评定：优秀（　）　良好（　）　及格（　）　差（　）

实训项目九

油底壳及机油集滤器分总成的检修

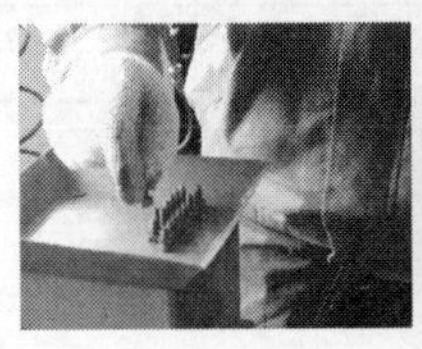

学习目标

1.掌握工作中装配油底壳及机油集滤器的方法；
2.掌握油底壳螺栓的拆装顺序要求及原则。

一 实训准备材料

序号	材料名	规格型号	数量
1	发动机秃机（带翻转架）	丰田8A	1
2	预置式扭力扳手	0～20N·m	1
3	转角扳手	1/2接口	1
4	长接杆	1/2接口	1
5	快速棘轮扳手	1/2接口	1
6	压缩空气吹枪	快速接口	1
7	密封胶	—	1
8	铲刀	—	1
9	油底壳拆卸专用工具	—	1
10	机油壶	小	1
11	油底壳衬垫	—	1
12	O形密封圈	维修包标配	1
13	抹布	—	1
14	吸棒	—	1
15	橡胶锤	2P	1
16	钢丝刷	小	1
17	套筒	10mm	1

二 技术标准

序号	名称	标准值	修理条件或方法
1	密封填料零件号	08826-00080	使用类似品
2	集滤器螺栓力矩	9.3N·m	更换
3	油底壳螺栓力矩	4.9N·m	更换
4	机油泵螺栓力矩	22N·m	更换

注：超出最大允许值时，应更换。

三 作业要求

1.操作符合安全、规范化要求；

2.作业现场清洁、整齐、有序；

3.作业工单填写规范、数据准确；
4.正确填写处理意见。

四 应会技能

1.正确选用及使用拆装、测量工具；
2.熟练装配油底壳及集滤器。

五 建议课时安排

20min。

六 实训步骤

步骤一　工位整理、工具配件清点

① 检查并整理好本次工作任务工具。

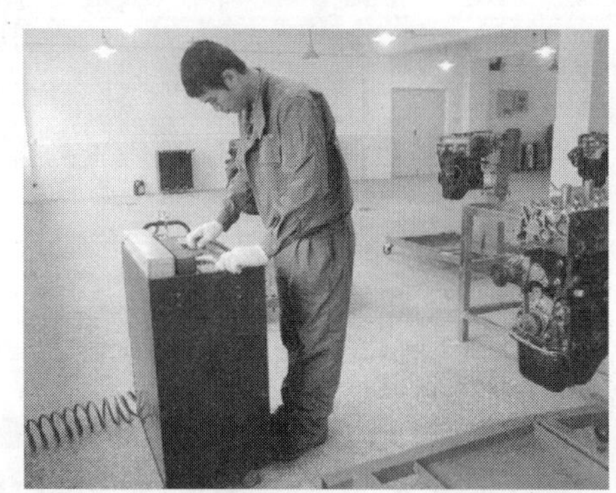

② 对相关配件及工作环境进行清理。

质检提醒：
充分的准备可以让你的工作更有成效。

步骤二　拆卸油底壳

❶ 准备棘轮扳手、长接杆、10mm套筒工具组合。

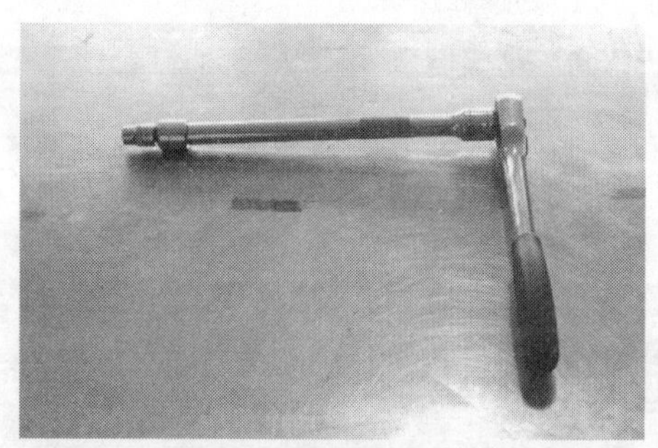

❷ 按从中间到两对角的松动方式，预松所有螺栓。

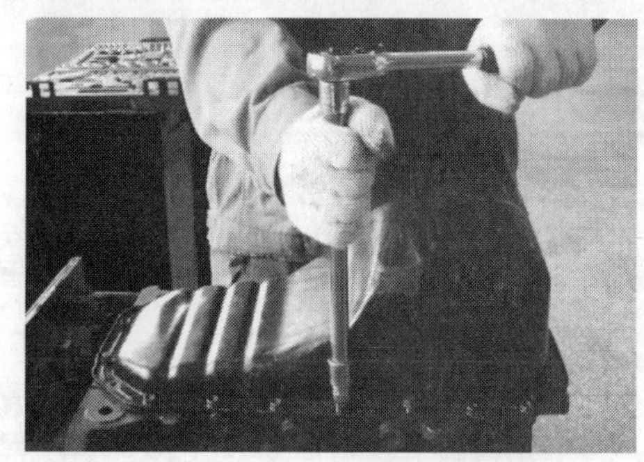

❸ 拆除全部螺栓。

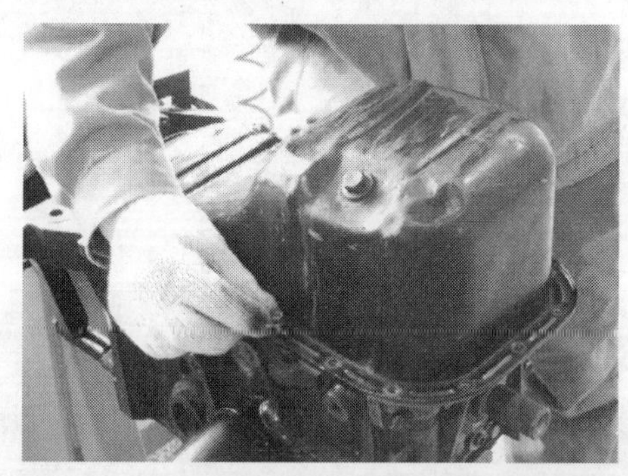

❹ 将螺栓整齐地放入零件盒位置。

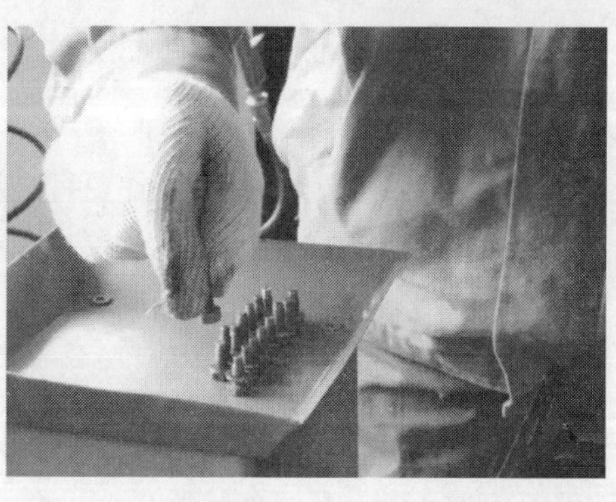

⑤ 用专用工具或铲刀，插入油底壳与缸体之间的缝隙。

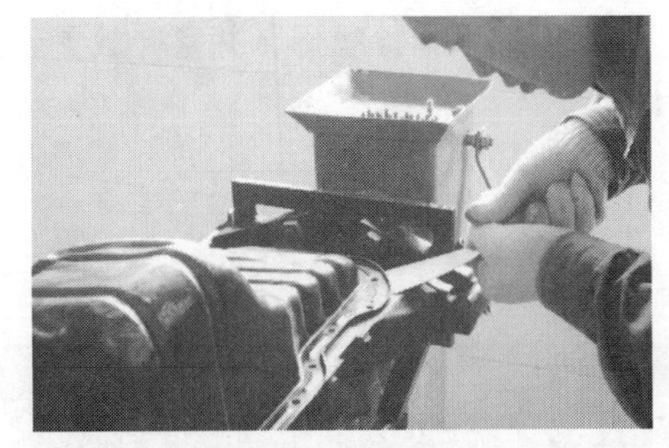

⑥ 用橡胶锤沿边缘轻轻撬开油底壳与缸体之间的缝隙。

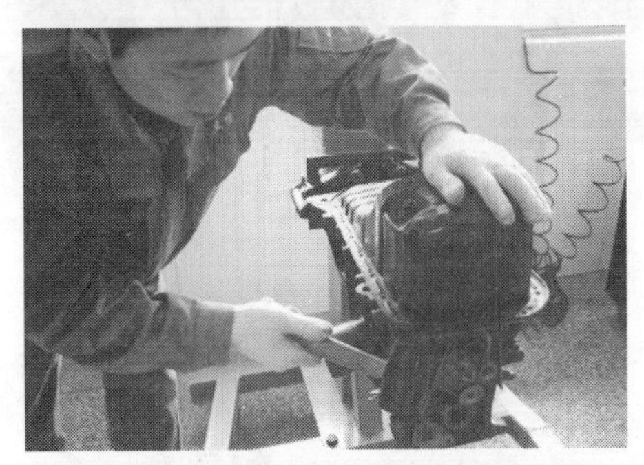

⑦ 缓慢提起油底壳约1cm，感觉有无阻力，适当调整位置，取下油底壳。

质检提醒：

正确选用工具，可以有效减少工作量。

步骤三　拆卸集滤器螺栓

① 用棘轮扳手、短接杆、10mm套筒工具组合，拆除集滤器上的两个螺栓和两个螺母。

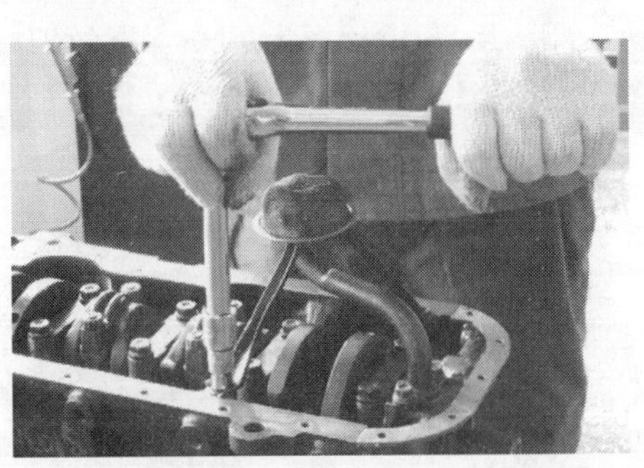

② 取下螺栓螺母，并整齐放置到工件车上。

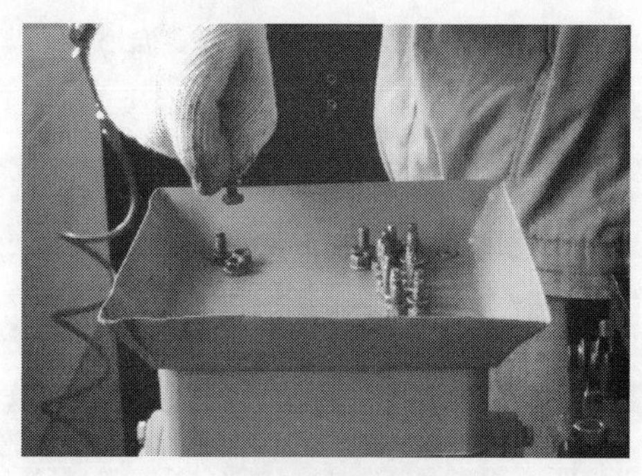

③ 小心取下集滤器并放置于工件车中。

质检提醒：

工位的整洁常和环保联系在一起。注意废弃垃圾分类放置，提高个人修养。

步骤四　拆卸机油泵和后油封

① 用棘轮扳手、短接杆、10mm套筒工具组合，拆除机油泵上的7个螺栓，整齐放置到零件盒内。

② 用150mm以上的一字螺丝刀撬动机油泵边缘。

③ 用橡胶锤轻敲机油泵边缘，一手向外拉动，取下机油泵，整齐放置于工件盒中。

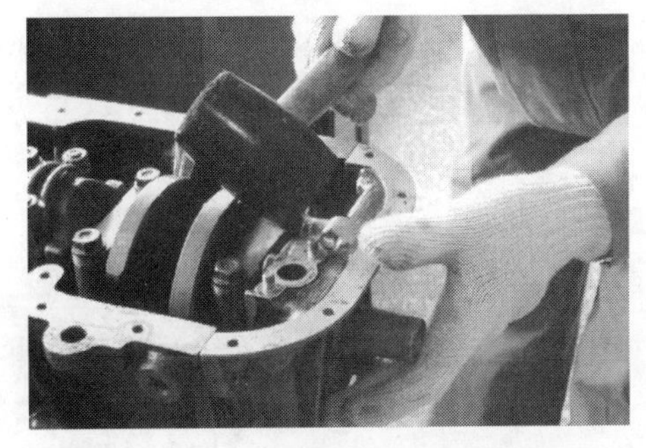

④ 用10mm梅花扳手拆下后油封上的6个螺栓。

⑤ 用150mm以上一字螺丝刀均匀撬动油封，取下后油封，整齐放置于工件盒中。

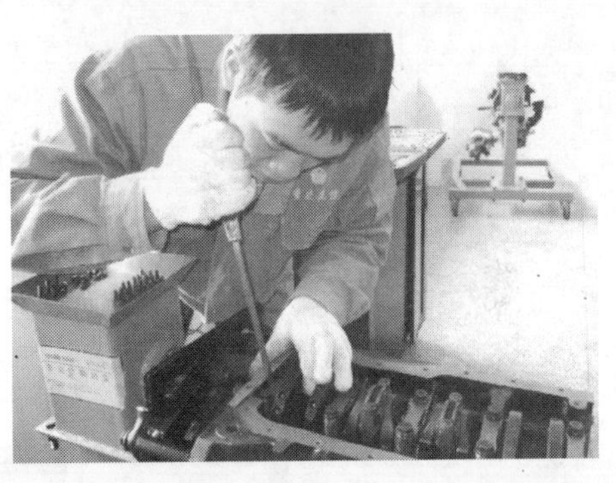

 质检提醒：

敲击机油泵时，可能会用力不均，不可强行敲打，否则可能会损伤零部件。

步骤五 清洁零部件

① 将清洗剂或汽油倒入清洗盆中（清洗时必须远离火源），按脏污程度，顺序清洗各零部件。

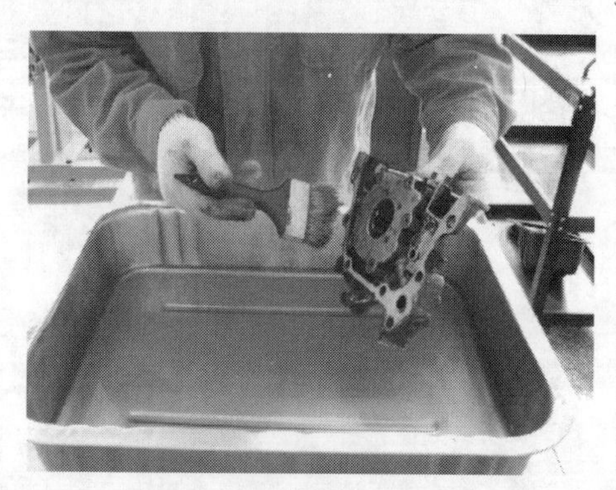

❷ 检查机油集滤器滤网中有无堵塞物，如有，可用针等工具挑出。

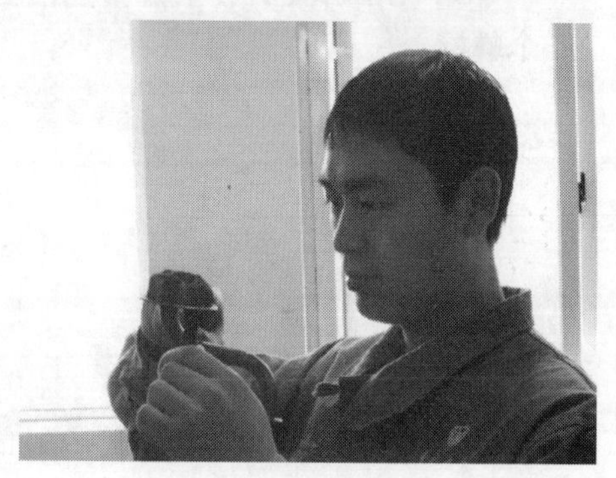

❸ 清洗并检查螺栓螺母，螺纹如有损坏，则须更换。

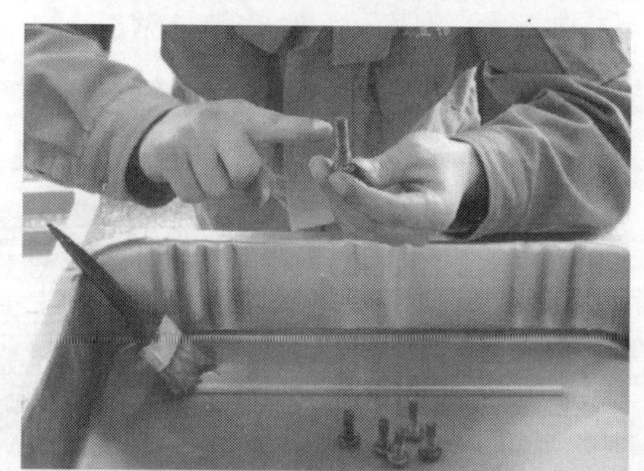

❹ 清洗缸体与油底壳接触面，用铲刀将垫片清理干净。

⑤ 用压缩空气清理螺孔内的沉积物（用毛巾盖住，避免异物飞溅）。

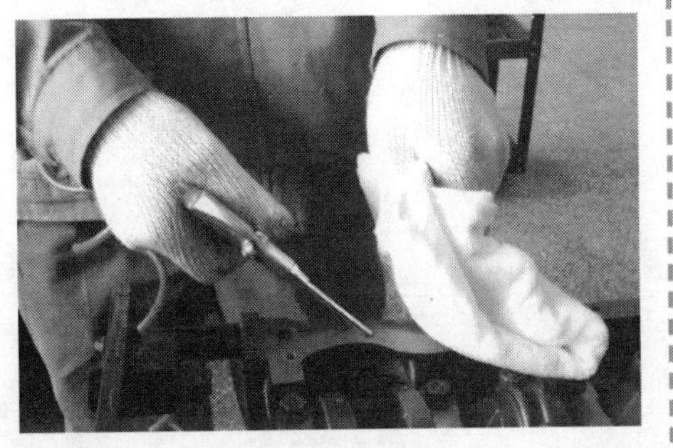

质检提醒：

操作时注意安全，请随时将人身和设备安全放在工作首位。

步骤六　装配油底壳及机油集滤器分总成

① 在机油泵衬垫上涂抹密封胶。

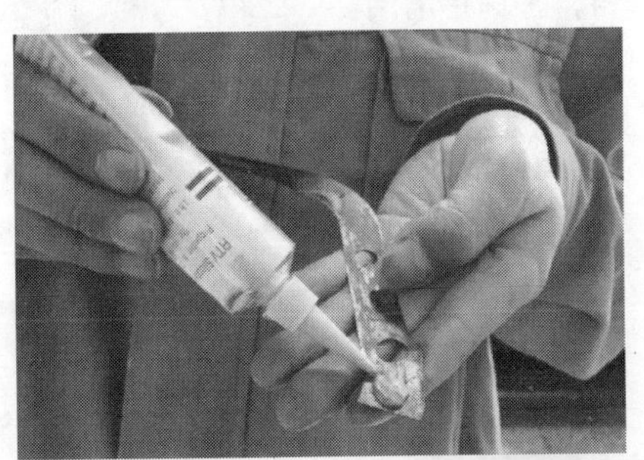

② 安装机油泵和后油封，紧固螺栓到规定力矩。

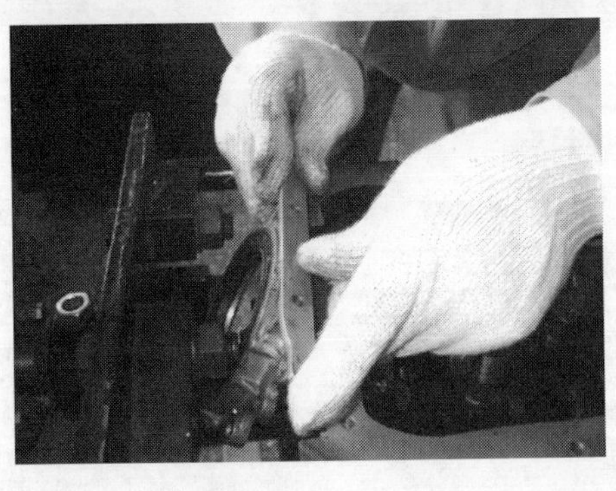

③ 安装机油集滤器并紧固固定螺栓。

④ 在油底壳接触面上均匀涂抹密封料，并保持清洁。

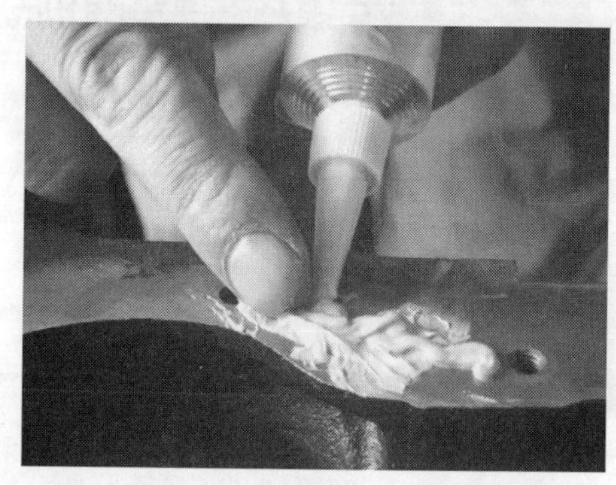

⑤密封胶稍干后（不超过5min，否则铲掉重新涂抹），将油底壳装在缸体上。

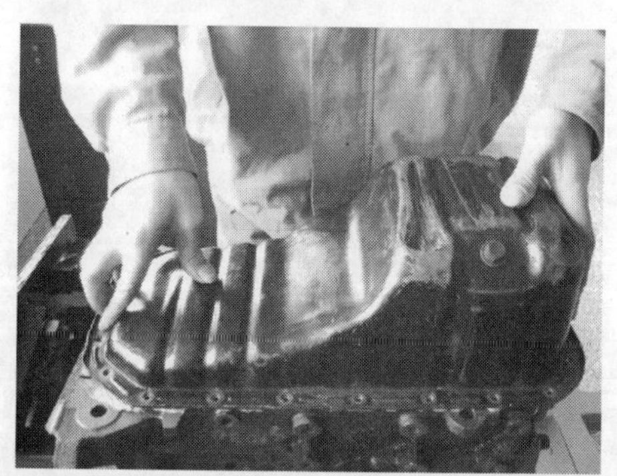

⑥ 紧固螺栓螺母到规定力矩。

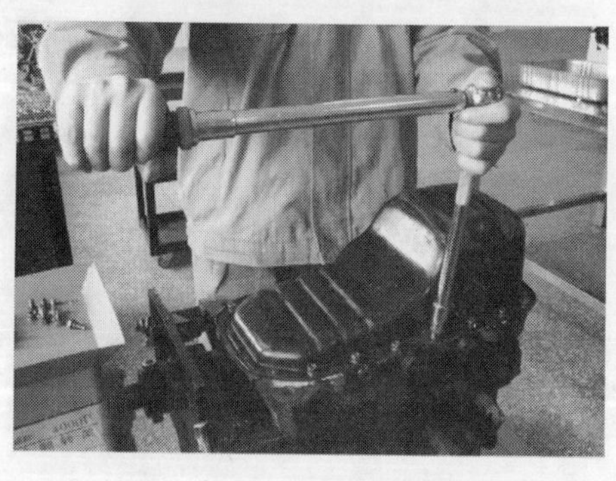

⑦ 用抹布清除压挤出的密封胶。

 质检提醒：

根据规定力矩紧固螺栓，可以提高零件的使用寿命，并能保证设备性能稳定。

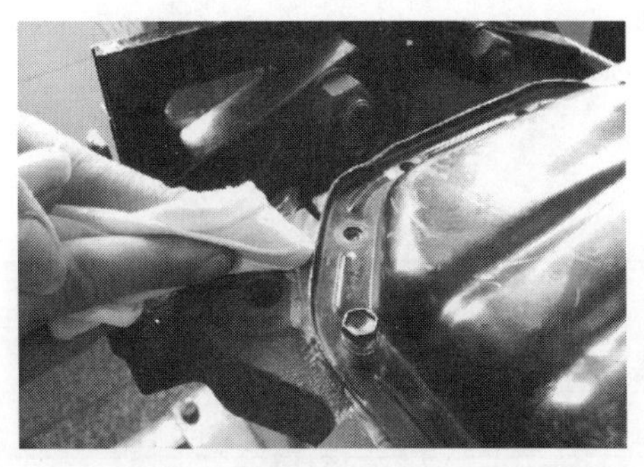

步骤七　工具清洁，工位整理

① 清洁并整理好所有使用过的工量具。

② 清洁工作台，并将废弃物分类放置。

③ 清洁地面，将场地恢复到作业前状态。

 质检提醒：

良好的工作习惯和工作态度，能让客户对你产生更多的信任。整洁的工作环境可以带给每个人愉悦的心情。

实 训 报 告

项目：　　　　　　　　　　　　　　　实训时间：

实训任务		所属班级	
指导教师		操作人	
实训材料			
材料名称	规格型号	数量	是否更换
实训作业步骤：			
实训结果：			
实训总结：			

本项目作业成绩评定：优秀（ ） 良好（ ） 及格（ ） 差（ ）

实训项目十

活塞连杆组的拆装与测量

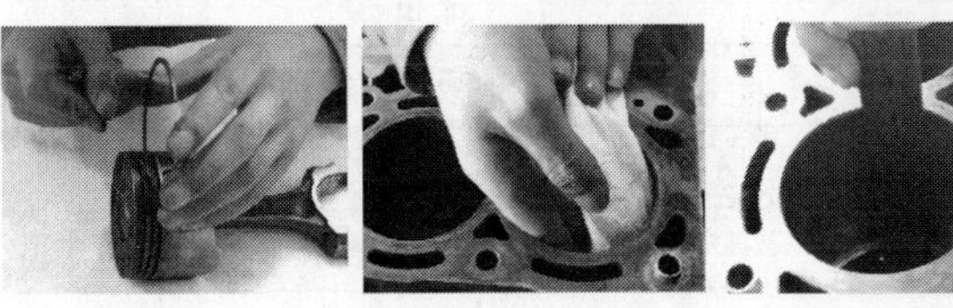

学习目标

1.掌握活塞连杆组的组成；
2.了解活塞连杆组的工作原理；
3.掌握装配技巧和通用性原则。

一 实训准备材料

序　号	材 料 名 称	规 格 型 号	数　量
1	发动机秃机（带翻转架）	丰田8A	1
2	活塞环拆装器	75 ~ 100	1
3	预置式扭力扳手	0 ~ 100N·m	1
4	转角扳手	1/2接口	1
5	短接杆	1/2接口	1
6	活塞装配器	50 ~ 150	1
7	塞尺	0.02mm	1
8	压缩空气吹枪	快速接口	1
9	机油壶	小	1
10	铲刀	—	1
11	锉刀	小号	1
12	抹布	—	1
13	吸棒	—	1
14	橡胶锤	2P	1
15	钢丝刷	小	1
16	洗油盆	600mm × 800mm	1
17	平口螺丝刀	50mm	1
18	工件车	—	1
19	手锤	1P	1
20	活塞销专用工具	—	1
21	套筒	10 mm	1
22	塑料管	10 mm	1
23	水磨砂	2000 #	1
24	连杆校正器	DTJ-75	1
25	游标卡尺	150mm	1
26	卡规	0 ~ 25mm	1

二 技术标准

序　号	名　称	标　准　值	修理条件或方法
1	标准缸径标记1	78.700 ~ 78.710 mm	镗或更换
2	标准缸径标记2	78.710 ~ 78.720 mm	镗或更换

续上表

序号	名称	标准值	修理条件或方法
3	标准缸径标记3	78.720 ~ 78.730 mm	镗或更换
4	最大标准缸径	78.93 mm	镗或更换
5	加大尺寸	79.43 mm	镗或更换
6	活塞直径标记1	78.615 ~ 78.625 mm	更换或加级
7	活塞直径标记2	78.625 ~ 78.635 mm	更换或加级
8	活塞直径标记3	78.635 ~ 78.645 mm	更换
9	汽缸与活塞标准间隙	0.075 ~ 0.095mm	镗或更换
10	汽缸与活塞最大间隙	0.115 mm	镗或更换
11	活塞环隙1	0.040 ~ 0.080 mm	更换
12	活塞环隙2	0.030 ~ 0.070 mm	更换
13	标准端隙1	0.250 ~ 0.450mm	更换
14	标准端隙2	0.350 ~ 0.600mm	更换
15	标准端隙（油环）	0.150 ~ 0.500mm	更换
16	连杆最大弯曲度	0.05 mm	更换
17	连杆最大扭曲度	0.05 mm	更换
18	连杆螺栓最大外径	8.600 mm	更换
19	连杆轴承1	1.486 ~ 1.490 mm	更换
20	连杆轴承2	1.490 ~ 1.494 mm	更换
21	连杆轴承3	1.494 ~ 1.498 mm	更换
22	连杆螺栓紧固力矩	29N·m	紧固

注：超出最大值后，应更换相应零件。

三 作业要求

1.操作符合安全、规范化要求；
2.作业现场清洁、整齐、有序；
3.作业工单填写规范、数据准确；
4.正确填写处理意见。

四 应会技能

1.能正确选用及使用拆装、测量工具；
2.根据测量数据给出正确的修理意见；
3.能对活塞连杆组分总成进行维修；
4.能正确查阅维修资料。

五 建议课时安排

45min。

六 实训步骤

步骤一 工位整理、工具配件清点

❶ 检查并整理好本次工作任务的工具。

❷ 对相关配件及工作环境进行清理。

质检提醒：

充分的准备可以让你的工作更有成效。

步骤二 拆卸活塞连杆组

❶ 用17mm梅花扳手将曲轴转到1、4缸下止点位置，并翻转发动机。

❷ 用转角扳手、短接杆、10mm专用套筒工具组合，按顺序、多遍的原则，依次拆下1缸和4缸连杆螺母并取下连杆轴承盖。

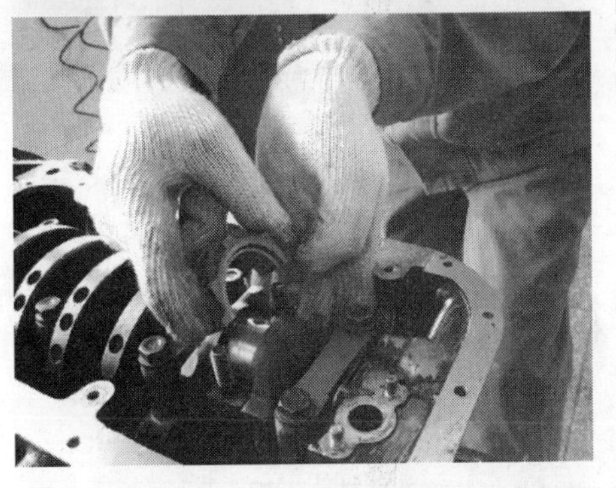

❸ 将自制塑料管套在连杆螺栓的螺纹上。

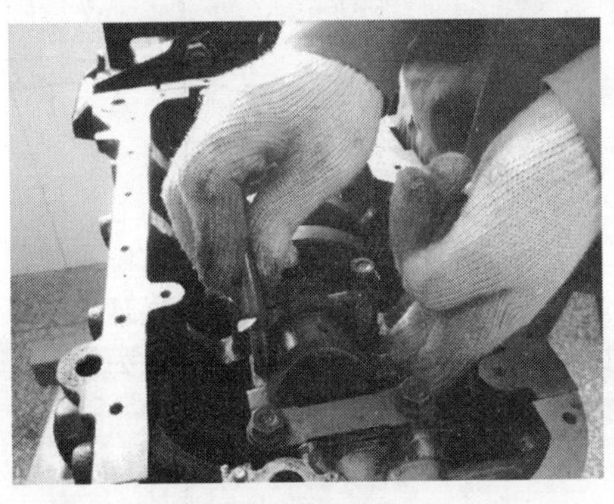

❹ 一只手用手锤柄匀速下推连杆螺栓，另一只手在缸套处接住下落的活塞连杆组。

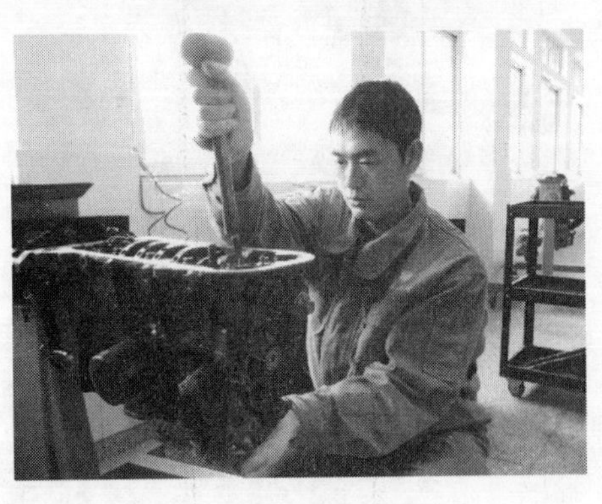

 *质检提醒：*

下推时，活塞有可能卡住和损坏设备。下推活塞过紧时，可用木柄轻敲螺栓，切不可用铁器重击。

⑤ 用 同样的方法拆下2、3缸活塞连杆组。

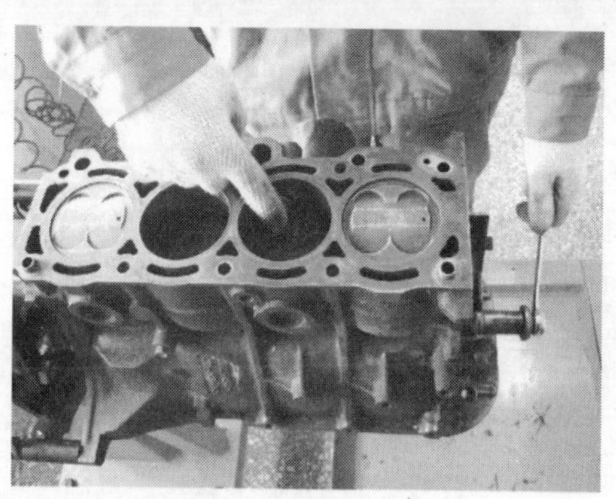

⑥ 检查连杆上是否带有缸位标记，如没有则应用锉刀在连杆上做好标记，但不可过度损伤连杆。

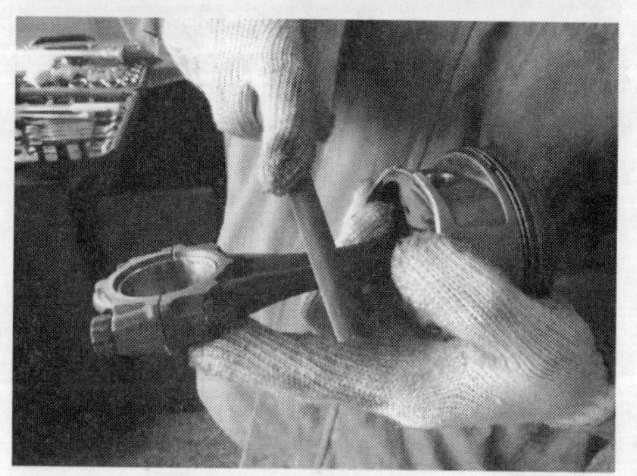

步骤三　取下活塞环

❶ 用活塞环拆装器卡住断面，拆下1道和2道气环。

❷ 用手掰开油环上刮片，并沿掰开方向慢慢上抬，依次取出衬簧和下刮片。

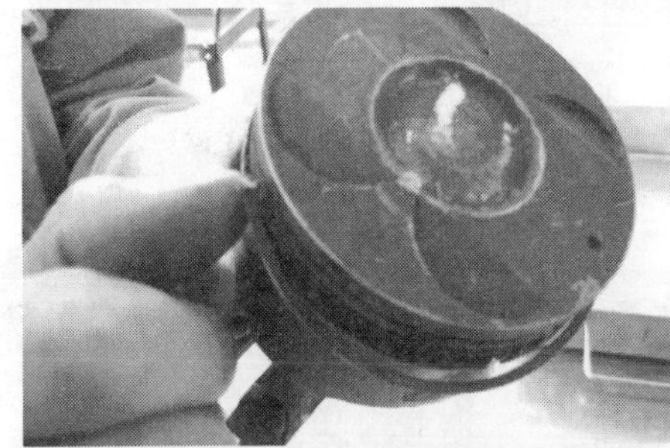

质检提醒：

活塞环拆下后，应按顺序对应放置，取下活塞环时，应避免被其割伤或将其掰断，衬簧不能拉长，否则会导致不能回装。

步骤四　清洁活塞

❶ 用铲刀清除活塞顶部和环口面的积炭。

② 清除活塞环环口面的积炭。

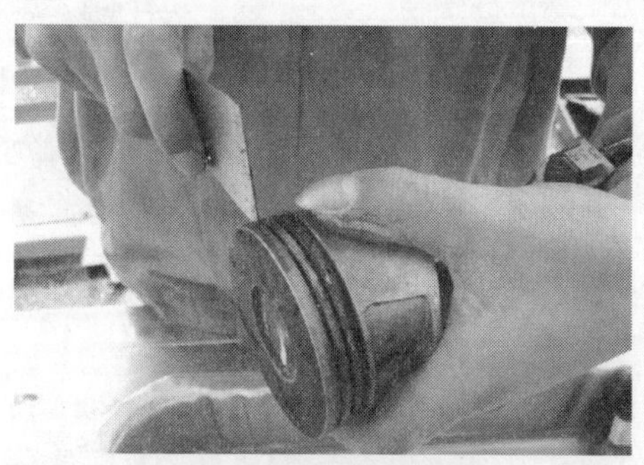

③ 用旧活塞环或其他适当工具，清除活塞环槽内的积炭后，用压缩空气吹净。

质检提醒：

清除积炭时，不可用损伤活塞表面。在清理环槽时，注意将油道孔内的残渣清理干净。

步骤五　测量侧隙和端隙

① 将活塞置于桌面，将对应的1、2道活塞环放入活塞环槽内，用塞尺检查活塞环与环槽侧壁的间隙，依据实际测量结果对照标准值进行维修。

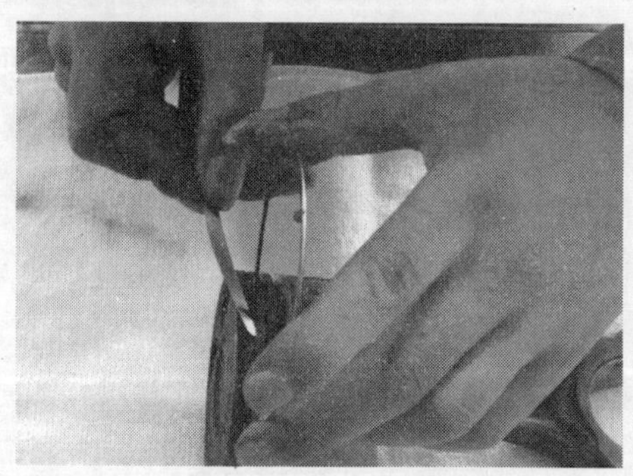

❷ 清洁汽缸筒。

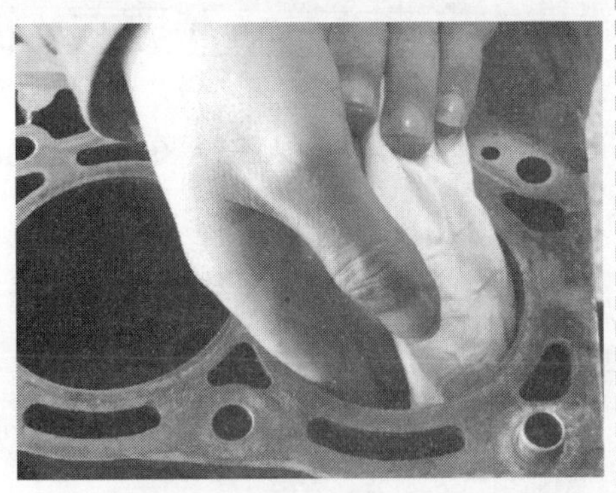

❸ 把活塞环插入汽缸筒，并将其推入到距汽缸顶面97mm处。

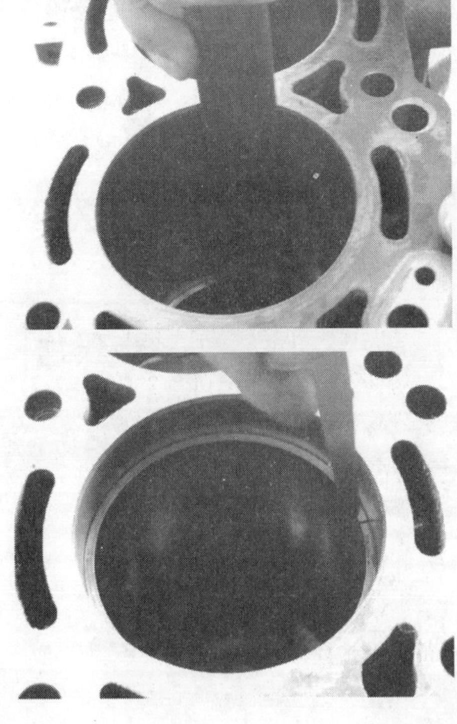

④ 用塞尺测量各道活塞环端隙，依据实际测量结果对照标准值维修。

质检提醒：

精确的测量才能取得最真实的数据。每个数据反复测量2～3次为宜，并应及时做好记录。

步骤六　检测连杆分总成

① 使用连杆校正器和塞尺检测连杆弯曲度。

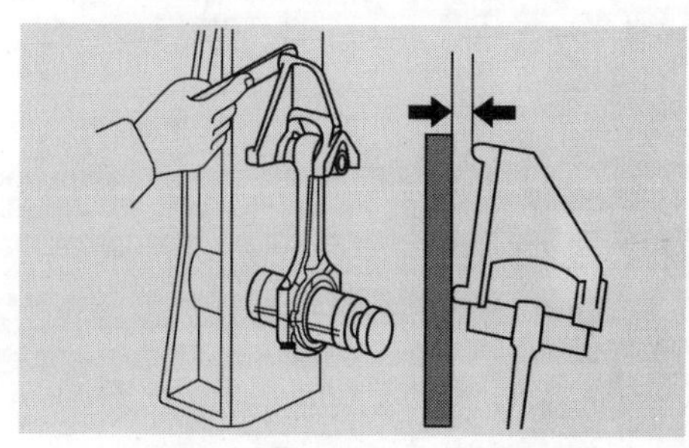

② 使用连杆校正器和塞尺检测连杆扭曲度。

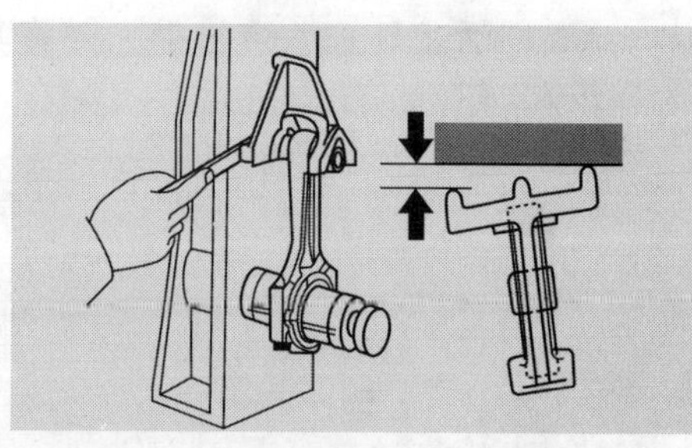

质检提醒：

掌握正确的测量方法，并认真对比测量值与标准值。

步骤七　检查连杆螺栓

① 目测连杆螺栓有无损伤，有则更换。

❷ 目测连杆螺母有无损伤，有则更换。

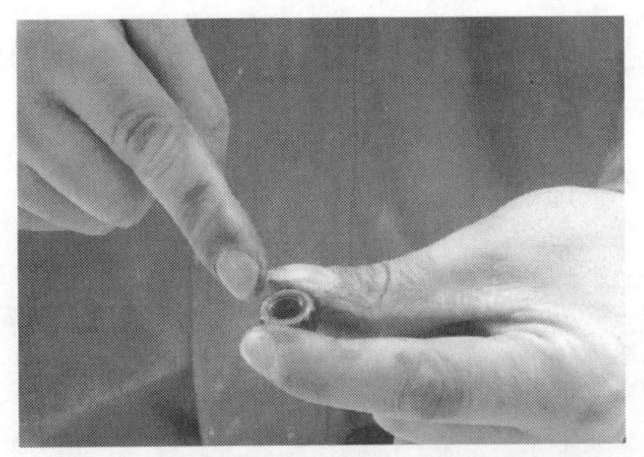

❸ 将螺母套进螺栓，并将其拧到底，检查有无卡滞感。

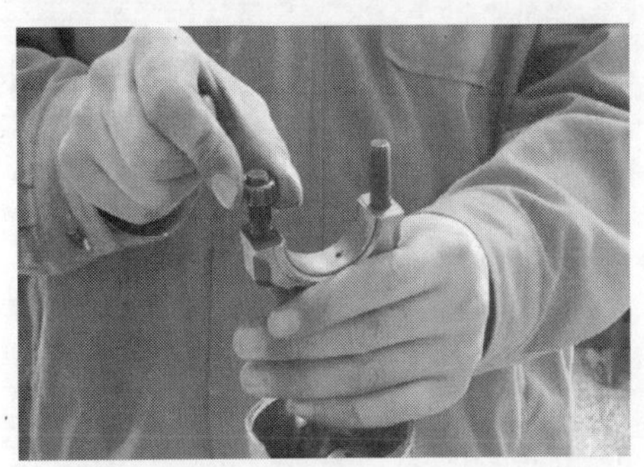

❹ 用游标卡尺测量螺栓外径。

质检提醒：

应依据实际测量结果，对照标准值进行维修。

步骤八　测量活塞顶部

❶ 在距活塞顶部28.5mm处进行标记。

②用外径千分尺测量活塞头部直径。

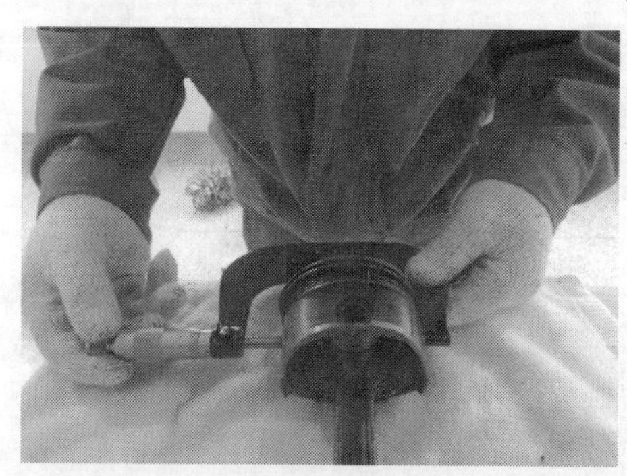

③检查活塞顶部标记，并根据标准值进行数据对比。

质检提醒：

测量活塞时，应水平放置活塞。

步骤九　检查连杆轴瓦

①用双手拇指从无锁止口方向推动连杆轴瓦，或用一字螺丝刀小心插入连杆轴承盖狭缝并轻撬出轴瓦。

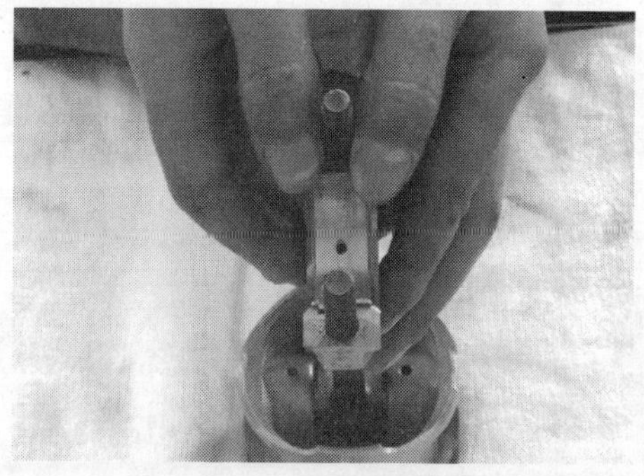

②目测连杆轴瓦表面有无异常磨损和烧蚀现象。

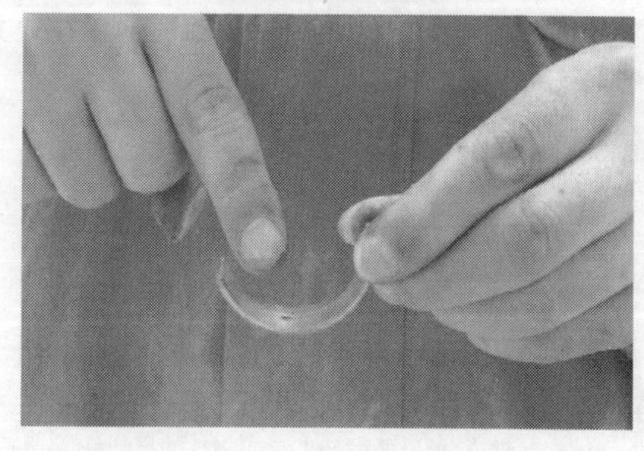

③ 检查标记并对照标准值维修。

质检提醒：

轴瓦背面也应检查有无磨损，有则说明轴瓦会随曲轴转动。

步骤十　装配活塞连杆组

① 将轴瓦从有锁止口方向装入连杆轴承盖，并推平。

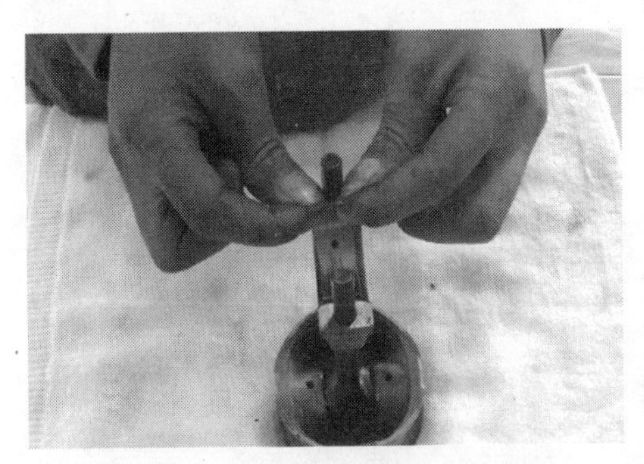

② 在各配合表面涂抹适量机油，轴瓦背面不可涂抹，以保持其与连杆轴承盖间的摩擦力。

③ 安装油环衬簧和刮片。

④ 1道和2道气环开口相互错开180°，油环上下开口相互刮片错开180°。

⑤ 活塞环标记向上。

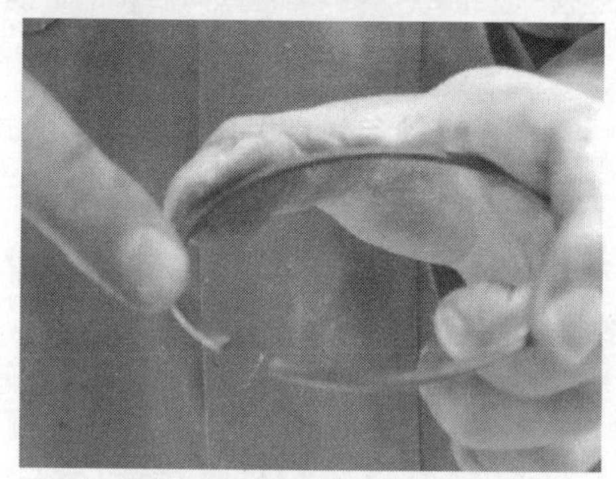

⑥ 用活塞装配器锁紧活塞环。

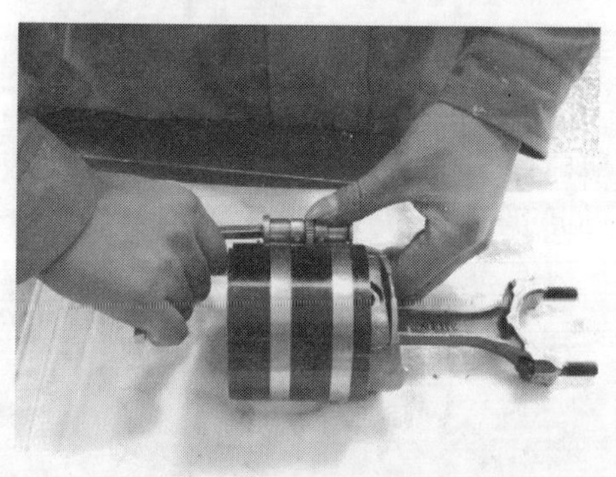

⑦ 紧贴汽缸平面，对正曲轴轴颈，用手锤柄推入活塞。

8 在连杆轴承盖螺母下方涂上一层机油。采用顺序、多遍原则，紧固连杆螺母至规定力矩。

质检提醒：

装配时，注意连杆轴承盖和连杆上的方向标记。装入活塞时，应将标记点朝向发动机前部，并将螺栓套上塑料管，防止其损伤汽缸筒表面。

步骤十一　工具清洁、工位整理

1 清洁并整理好所有使用过的工量具。

2 清洁工作台，并将废弃物分类放置。

③ **清洁地面，将场地恢复到作业前状态。**

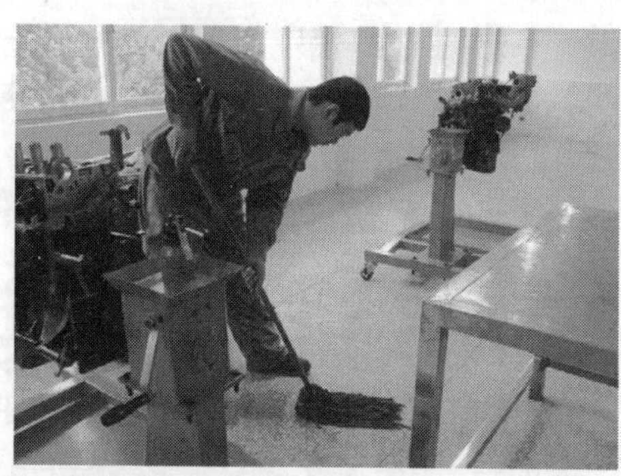

质检提醒：

良好的工作习惯和工作态度，能让客户对你产生更多的信任。整洁的工作环境可以带给每个人愉悦的心情。

知识窗

活　塞

“活塞”一词原为“鞲鞴”（gōu bèi）,是西方传入的蒸汽机活塞的早期译名，一度广为使用。随着现代科技术语翻译规范的推行，“鞲鞴”现已被“活塞”取代。

活塞是汽车发动机的“心脏”，是发动机中工作条件最恶劣的关键零部件之一。其功用是承受气体压力，并通过活塞销将力传给连杆驱使曲轴旋转，活塞在高温、高压、高速、润滑不良的条件下工作。在这种恶劣的条件下工作，活塞会产生变形并加速磨损，还会产生附加荷载和热应力，同时受到燃气的化学腐蚀作用。

一般将活塞分为头部、裙部和活塞销座三个部分。头部是指活塞顶端和环槽部分。活塞顶端形状完全取决于燃烧室的要求，其上设有一定深度的凹坑以作为燃烧室的一部分。活塞的凹槽称为环槽，用于安装活塞环。活塞环的作用是密封，防止漏气和防止机油进入燃烧室。活塞裙部是指活塞头部以下的部分，它的作用是使活塞在往复运动中尽量保持垂直的姿态，也就是活塞的导向部分。活塞销座是活塞销与连杆连接的支撑部分，位于活塞裙部的上方。高速发动机活塞销座的特别之处在于销座孔不一定与活塞在同一中心线平面上，可向一侧偏移一点，即向作功行程时活塞接触缸壁的一侧偏移，这样，当活塞到上止点变换方向后，活塞敲击缸壁的程度会减轻，从而减少了发动机噪声。

实 训 报 告

项目：　　　　　　　　　　　　　　　　实训时间：

实训任务		所属班级	
指导教师		操作人	
实训材料			
材料名称	规格型号	数量	是否更换

实训作业步骤：

实训结果：

实训总结：

本项目作业成绩评定：优秀（ ） 良好（ ） 及格（ ） 差（ ）

实训项目十一

曲轴飞轮组的装配与测量

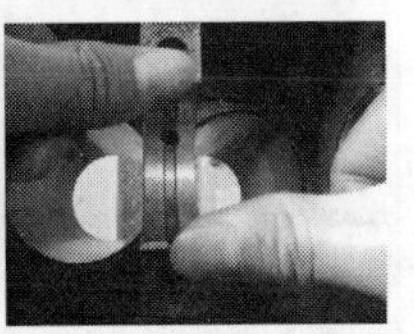

学习目标

1.能够正确拆装曲轴；

2.掌握清洁润滑曲轴及轴承的要点；

3.能确定曲轴主轴颈和连杆轴颈是否符合相关技术要求。

一 实训准备材料

序 号	材料名称	规格型号	数 量
1	发动机秃机（带翻转架）	丰田8A	1
2	套筒	14mm	1
3	预置式扭力扳手	0 ~ 100N·m	1
4	劳动扳手	1/2接口	1
5	短接杆	1/2接口	1
6	压缩空气吹枪	快速接口	1
7	机油壶	小	1
8	铲刀	—	1
9	抹布	—	1
10	压缩空气吹枪	—	1
11	机油壶	—	1
12	铲刀	—	1
13	一字螺丝刀	—	1
14	工件车	—	1

二 技术标准

序 号	名 称	标 准 值	修理条件或方法
1	主轴承盖螺栓紧固力矩	60N	更换
2	标准止推间隙	0.020 ~ 0.220mm	更换
3	最大止推间隙	0.30mm	更换
4	汽缸体主轴颈直径0	47.993 ~ 48.000mm	更换
5	汽缸体主轴颈直径1	47.987 ~ 47.994mm	更换
6	汽缸体主轴颈直径2	47.982 ~ 47.998mm	更换

注：测量值超出最大值后，应更换相应零件。

三 作业要求

1.操作符合安全、规范化要求；
2.作业现场清洁、整齐、有序；
3.作业工单填写规范、数据准确；
4.正确填写处理意见。

四 应会技能

1.掌握曲轴拆装的要领；
2.掌握检测曲轴的检测方法和标准。

五 建议课时安排

45min。

六 实训步骤

步骤一 工位整理、工具配件清点

① 检查并整理好本次工作任务的工具。

② 对相关配件及工作环境进行清理。

质检提醒：
充分的准备可以让你的工作更有成效。

步骤二　检查曲轴的止推间隙

❶ 用吹枪吹净曲轴周围的污物。

❷ 用一字螺丝刀撬动曲轴，检查曲轴的止推间隙。

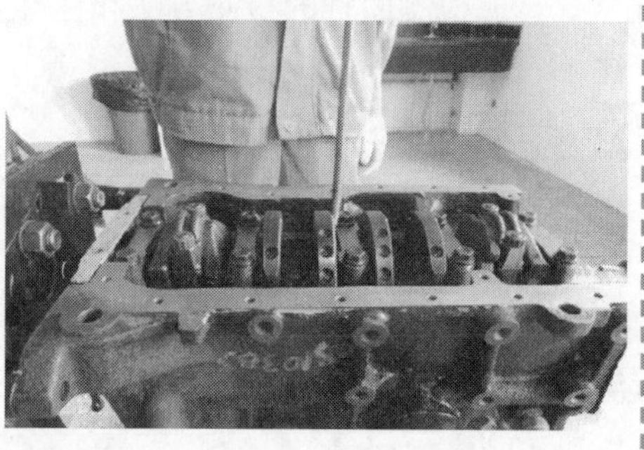

 质检提醒：

曲轴的止推间隙是用来判断曲轴是否能够良好工作的一个重要指标。

步骤三　拆下曲轴轴承盖

❶ 按维修手册资料提示顺序，依照多遍交叉的原则拆卸轴承盖螺栓。

❷ 将拆下来的曲轴轴承盖有序地摆放在一起。

 质检提醒：

一定要按照维修手册要求顺序，先预松轴承盖螺栓，否则可能导致零件变形损坏。

步骤四 检查曲轴轴承盖

① 检查曲轴轴承盖的向前标记。

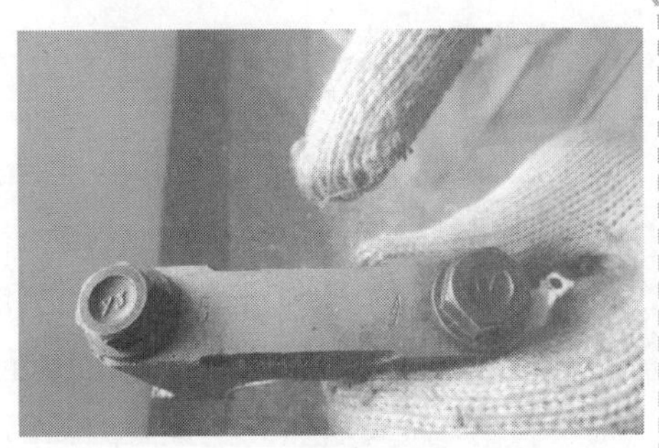

② 清洁曲轴轴瓦，并检查曲轴轴瓦是否有损坏。

质检提醒：

拆下部件按原顺序进行摆放，避免出现二次调整，减小工作量。

步骤五 检查曲轴主轴颈和连杆轴颈

① 目视检查，轴颈表面是否有异常磨损和漏孔等。

② 清洁主轴颈和连杆轴颈。

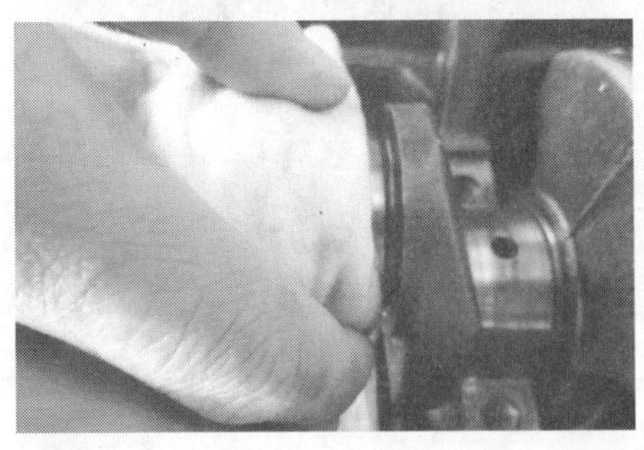

③ 用外径千分尺测量连杆轴颈。

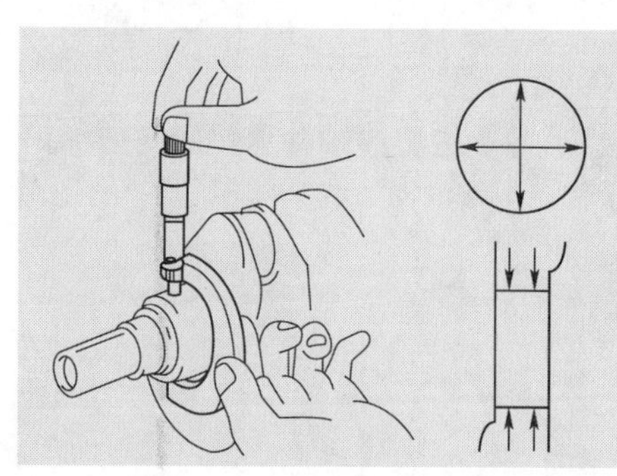

质检提醒：

曲轴主轴颈和连杆轴颈的磨损是不均匀的，且磨损部位有一定的规律性。主轴颈和连杆轴颈径向最大磨损部位相互对应，即各主轴颈的最大磨损部位靠近连杆轴颈一侧，而连杆轴颈的最大磨损部位在主轴颈一侧。

步骤六　取出曲轴、并清洁、润滑曲轴轴瓦

① 双手平抬，取下曲轴，轻放到工作台上。

② 用洗油清洁曲轴轴瓦，并用吹枪吹干。

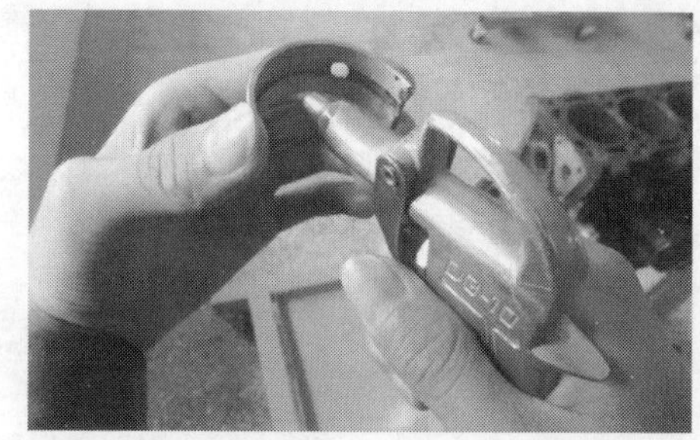

③ 用机油润滑曲轴轴瓦。

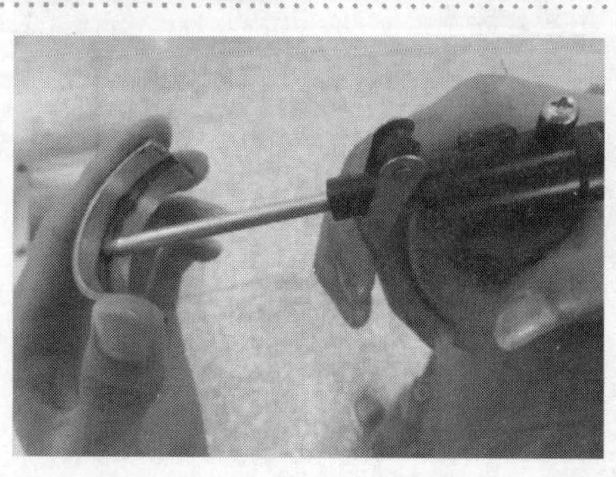

质检提醒：

在发动机大修中，清洁和润滑是非常重要的两个部分，如果清洁或润滑不到位，将直接影响发动机的性能，甚至导致其不能正常工作。

步骤七　安装曲轴轴瓦

① 将曲轴上轴瓦从止推口处推入轴承盖中。

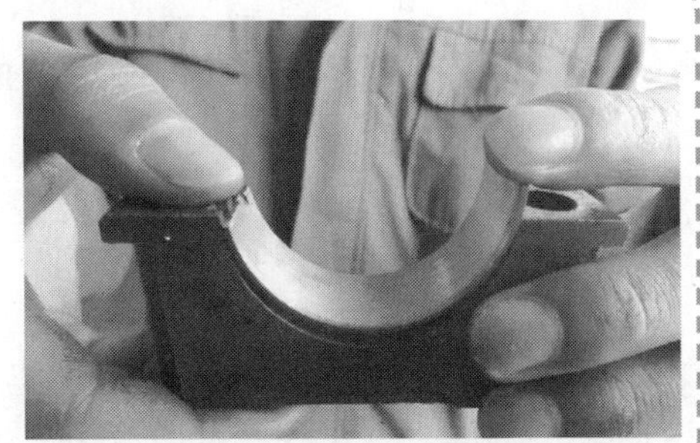

② 将曲轴下轴瓦安装在缸体的凹槽中。

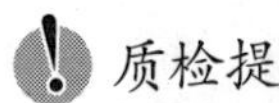

质检提醒：

要求轴瓦在自由状态下的曲率半径大于座孔的曲率半径，以保证轴瓦压入底座后，可借轴瓦自身的弹力作用与轴承座贴合紧密。

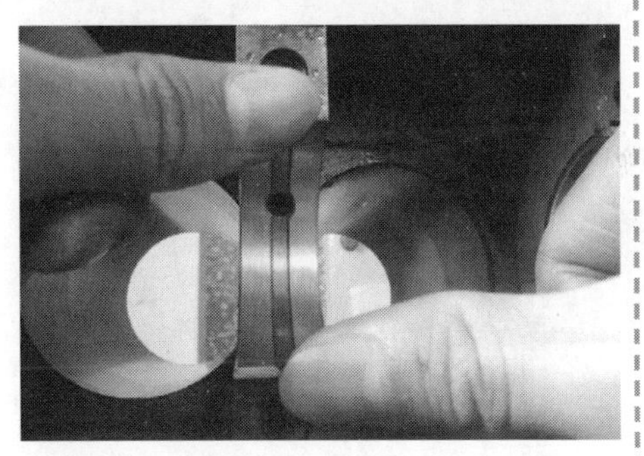

步骤八　安装曲轴

① 将曲轴水平放到缸体中。

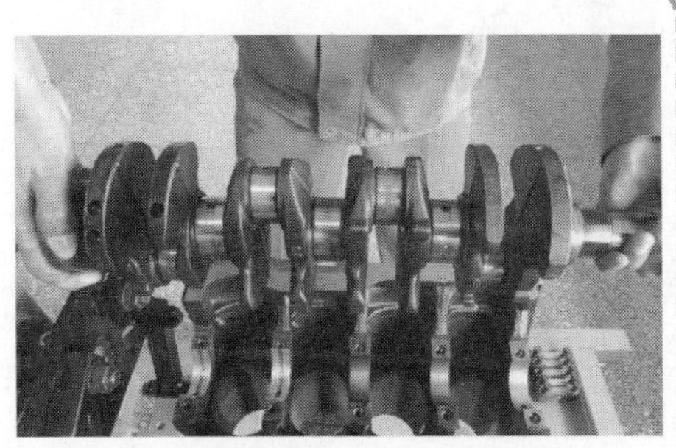

② 安装曲轴轴承盖，并按手册要求分几次正确拧紧螺栓。

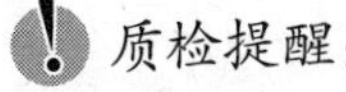

质检提醒：

在安装曲轴轴承盖时，注意轴承盖代号和向前标记，如果轴承盖的顺序错乱，将影响发动机性能，甚至导致不能正常工作。

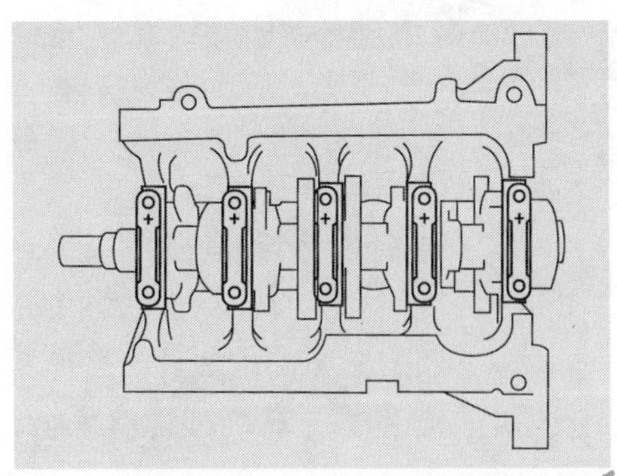

步骤九　工具清洁，工位整理

❶ 清洁并整理好所有使用过的工量具。

❷ 清洁工作台，并将废弃物分类放置。

❸ 清洁地面，将场地恢复到作业前状态。

质检提醒：

良好的工作习惯和工作态度，能让客户对你产生更多的信任。整洁的工作环境可以带给每个人愉悦的心情。

知识窗

曲轴（Bent axle）

1.曲轴磨损后的修复。

一般来说，轴颈直径在80mm以下，圆度及圆柱度误差超过0.025mm；或轴颈直径在80mm以上，圆度及圆柱度误差超过0.040的曲轴，均应按规定尺寸进行修磨，或进行振动堆焊、镀铬、镀铁后，再磨削至规定尺才或修理尺寸。

2.曲轴严重磨损后的修复。

如果发动机曲轴磨损严重，磨削法无法修复或修复效果较差时，可采用等离子喷涂法来修复。

（1）喷涂前，轴颈的表面处理。根据轴颈的磨损情况，在曲轴磨床上将其磨圆，直径一般减少0.50～1.00mm，用铜皮对所要喷涂轴颈的邻近轴颈进行遮蔽保护，用拉毛机对待涂表面进行拉毛处理。用镍条作为电极，在6～9V、200～300A交流电下，使镍熔化在轴颈表面上。

（2）喷涂。将曲轴卡在可旋转的工作台上，调整好喷枪与工件的距离(100mm左右)。选镍包铝(Ni／Al)为打底材料，耐磨合金铸铁(NT)与镍包铝的混合物为工作层材料；底层厚度一般为0.20mm左右，工作层厚度根据需要而定。

喷涂过程中，所喷轴颈的温度一般要控制在150～170℃。喷涂后的曲轴放入150～180℃的烘箱内保温2h，并随箱冷却，以减少喷涂层与轴颈间的应力。

（3）喷涂后的处理 。喷涂后，要检查喷涂层与轴颈基体是否结合紧密，如不够紧密，则除掉重喷。如检查合格，可对曲轴进行磨削加工。由于等离子喷涂层硬度较高，一般选用较软的碳化锡砂轮进行磨削，磨削时进给量要小一些(0.05～0.10mm)，以免挤裂涂层。另外，磨削后一定要用砂条对油道孔进行研磨，以免毛刺刮伤轴瓦。经清洗后，将曲轴浸入80～100℃的润滑油中煮8～10h，待润滑油充分渗入涂层后，即可装车使用。

3.曲轴断裂的主要原因。

（1）个别用户由于选用机油不当，或者是不注意“三滤”的清洗更换，严重的超载、超挂，造成发动机长期超负荷运行而出现烧瓦事故。由于发动机烧瓦，曲轴受到严重磨损。

（2）部分用户在车辆出现了曲轴磨损的问题后，出于费用、时间的考虑，找一些小厂修理加工，将严重磨损的曲轴进行堆焊、加工、整体热处理后磨削。由于修理手段及工艺问题，曲柄销和主轴颈与曲柄臂的连接圆角发生了变化，造成局部应力集中;由于曲轴为精45号钢模锻，堆焊又使曲轴的金相织发生了变化。

上述两项是造成曲轴断裂的主要原因。另外，还有一些原因也会造成曲轴断裂。

（3）发动机修好后，装车没经过磨合期，即超载、超挂，发动机长期超负荷运行，使曲轴负荷超出允许的极限。

（4）在曲轴的修理中采用了堆焊，破坏了曲轴的动力平衡，又没有做平衡校验，出现不平衡量超标，引起发动机较大的振动，导致曲轴的断裂。

（5）由于路况不佳，车辆又严重超载、超挂，发动机经常在扭振临界转速内行驶，减振器失效，也会造成曲轴扭转振动疲劳破坏而断裂。

发动机在大修中必须对曲轴进行检验，查明磨损情况，并进行正确的修理，保证曲轴所要求的疲劳强度和耐磨性。

实 训 报 告

项目：　　　　　　　　　　　　　　　　实训时间：

实训任务		所属班级	
指导教师		操作人	
实训材料			
材料名称	规格型号	数量	是否更换
实训作业步骤：			
实训结果：			
实训总结：			

本项目作业成绩评定：优秀（ ）　良好（ ）　及格（ ）　差（ ）

实训项目十二

汽缸体分总成的测量与检修

学习目标

1.能够正确测量汽缸曲翘度；
2.掌握测量汽缸筒直径的方法；
3.能确定汽缸是否需维修或更换。

一 实训准备材料

序　号	材料名称	规格型号	数　量
1	发动机秃机（带翻转架）	丰田8A	1
2	游标卡尺	150mm	1
3	外径千分尺	75 ~ 100mm	1
4	百分表	75 ~ 80mm	1
5	台虎钳	—	1
6	刀口尺	500mm	1
7	塞尺	0.02mm	1
8	压缩空气吹枪	快速接口	1
9	机油壶	小	1
10	铲刀	—	1
11	抹布	—	1
12	吸棒	—	1
13	橡胶锤	2P	1
14	钢丝刷	小	1
15	洗油盆	600mm × 800mm	1
16	工件车	—	1

二 技术标准

序　号	名　称	标　准　值	修理条件或方法
1	标准缸径 1	78.700 ~ 78.710mm	铣或更换
2	标准缸径 2	78.710 ~ 78.720mm	铣或更换
3	标准缸径 3	78.720 ~ 78.730mm	铣或更换
4	最大缸径	78.93mm，加大尺寸为0.5mm	铣或更换
5	缸体平面度	<0.005mm	加工

注：测量值超出最大值后，应更换相应零件。

三 作业要求

1.操作符合安全、规范化要求；

2.作业现场清洁、整齐、有序；
3.作业工单填写规范、数据准确；
4.正确填写处理意见。

四 应会技能

1.掌握百分表的校正和测量的方法；
2.掌握配合维修手册检测汽缸体的方法。

五 建议课时安排

30min。

六 实训步骤

步骤一　工位整理、工具配件清点

① 检查并整理好本次工作任务的工具。

② 对相关配件及工作环境进行清理。

质检提醒：
充分的准备可以让你的工作更有成效。

步骤二　检查汽缸体表面

❶ 目视检查汽缸体外部是否有损伤、划痕、裂纹等。

❷ 检查汽缸体内壁是否有损伤、划痕、裂纹等。

质检提醒：

曲轴在高速转动时产生振动，增加了汽缸体的负荷，汽缸体的薄弱部位可能产生裂纹。

步骤三　清洁汽缸体平面

❶ 目视检查汽缸体平面。

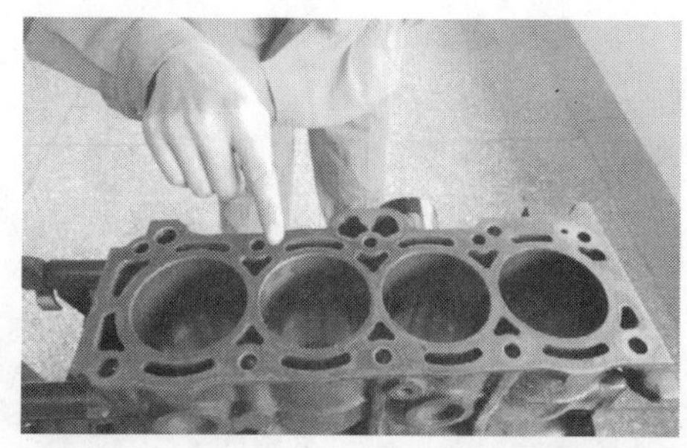

❷ 用铲刀清除汽缸体上平面的积炭。

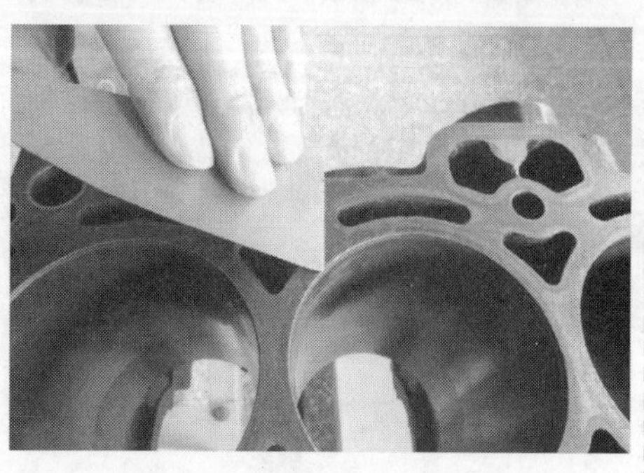

❸ **用吹枪清洁汽缸体表面及水道和油道内的颗粒物。**

 质检提醒：

在使用铲刀时，一定要慢，要注意不能损坏汽缸体表面。

步骤四　测量汽缸体上平面的翘曲度

❶ **将刀口尺竖直放于汽缸体测量面。**

❷ **用塞尺测量汽缸体的翘曲度。**

质检提醒：

在用刀口尺测量汽缸体表面时，至少要测量5个位置，每个位置至少要测3个点，并取最大值。

步骤五　清洁汽缸筒

❶ **用无尘棉纱或毛巾清洁汽缸筒，并检查是否有缸肩。**

② 用吹枪吹去汽缸筒表面的污物。

质检提醒：

汽缸的磨损程度是衡量发动机是否需要大修的重要依据之一。在汽缸筒的测量中，如果表面有污物所测得的结果是不准确的，不能满足判断该汽缸是否需要进行维修或更换的条件。

步骤六 检查汽缸直径

① 找到标记，并做好记录。

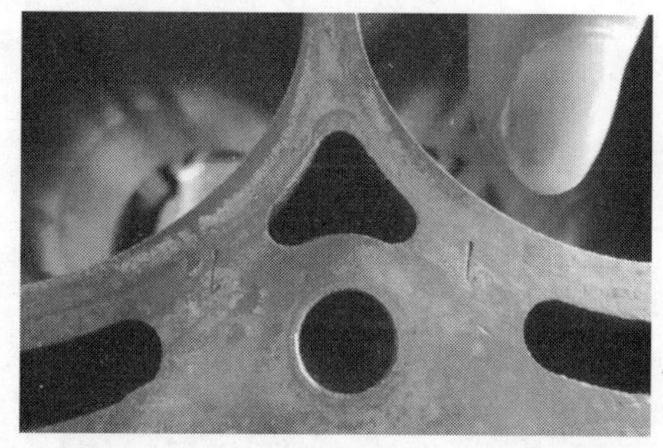

质检提醒：

汽缸直径标记是用来判断该汽缸直径是否在正常工作范围的标记。

② 清洁游标卡尺工作面。

③ 用游标卡尺测量汽缸直径。

质检提醒：

估测出汽缸的直径，为下一步百分表的选用提供方便。

步骤七　校正百分表

❶ **清洁、校正外径千分尺，并调到合适位置。**

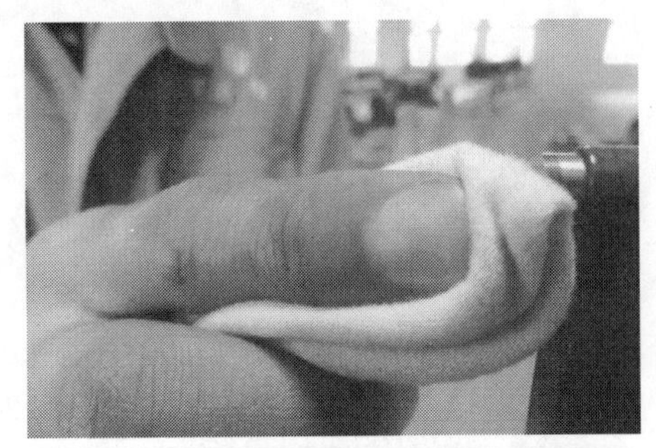

❷ **清洁百分表各工作面，并合理选用百分表。**

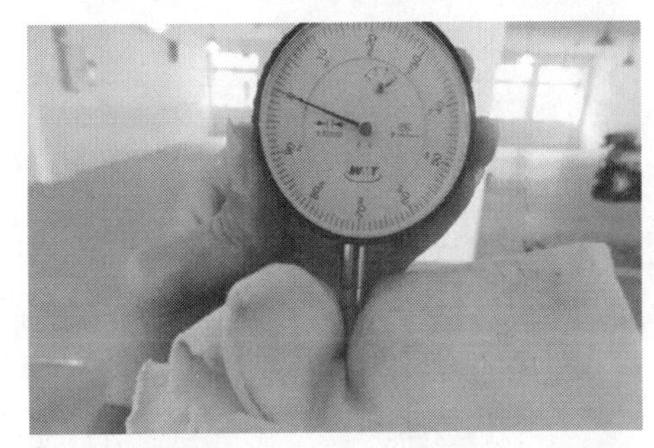

❸ **在外径千分尺上校正百分表。**

质检提醒：

校正量具在汽缸维修过程中是非常重要的一项工作，在百分表的校正过程中，取最小值，并要求至少两次以上达到同一最小值位置。

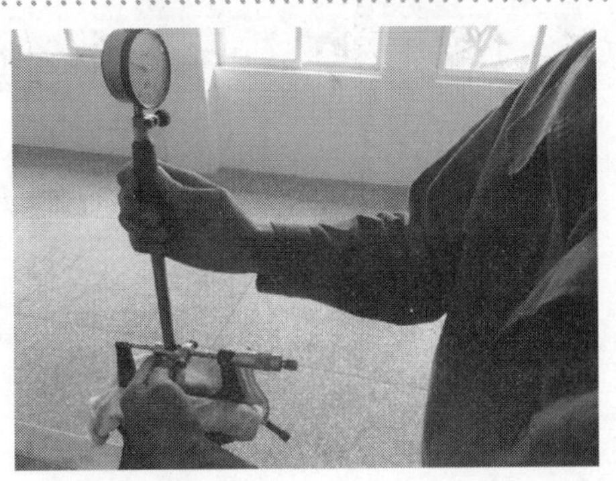

步骤八　测量汽缸筒直径

❶ **用专用工具清除汽缸筒内部表面凸台**（如果没有凸台可以不做）。

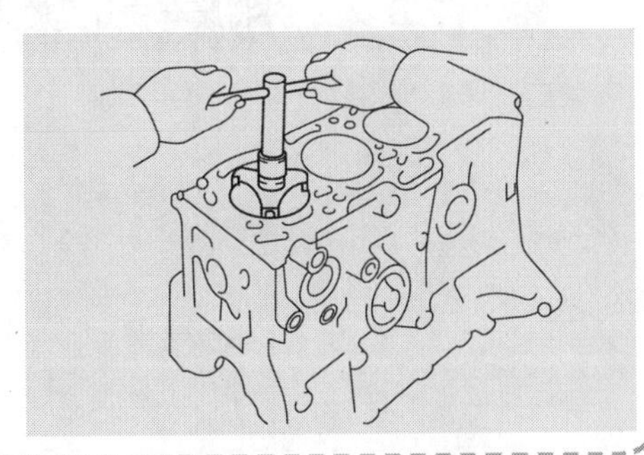

② 测量汽缸筒横向直径。

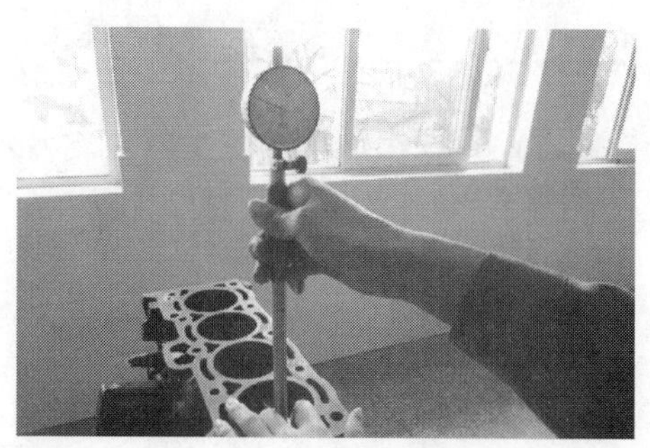

③ 测汽缸的纵向直径。

质检提醒：

不同发动机所测的点是不同的，但每个点都要测横向和纵向的直径，在正常磨损情况下，汽缸磨损是不均匀磨损。汽缸沿工作表面在活塞环运动区域内呈上大下小的不规则锥形磨损。

步骤九　工具清洁、工位整理

① 清洁并整理好所有使用过的工量具。

② 清洁工作台，并将废弃物分类放置。

③ **清洁地面，将场地恢复到作业前状态。**

质检提醒：

良好的工作习惯和工作态度，能让客户对你产生更多的信任。整洁的工作环境可以带给每个人愉悦的心情。

知识窗

汽缸体（Cylinder block）

1.汽缸分类。

水冷发动机的汽缸体和上曲轴箱常铸成一体，称为汽缸体—曲轴箱，也可称为汽缸体。汽缸体一般用灰铸铁铸成，汽缸体上部的圆柱形空腔称为汽缸，下半部为支撑曲轴的曲轴箱，其内腔为曲轴运动的空间。在汽缸体内部铸有许多加强筋、冷却水套和润滑油道等。

汽缸体应具有足够的强度和刚度，根据汽缸体与油底壳安装平面的位置不同，通常把汽缸体分为以下三种形式：

（1）一般式汽缸体，其特点是油底壳安装平面和曲轴旋转中心在同一高度。这种汽缸体的优点是机体高度小、质量轻、结构紧凑、便于加工、曲轴拆装方便；但其缺点是刚度和强度较差。

（2）龙门式汽缸体，其特点是油底壳安装平面低于曲轴的旋转中心。它的优点是强度和刚度好，能承受较大的机械负荷；但其缺点是工艺性较差、结构笨重、加工较困难。

（3）隧道式汽缸体，这种形式的汽缸体的曲轴主轴承孔为整体式，采用滚动轴承，主轴承孔较大，曲轴从汽缸体后部装入。其优点是结构紧凑、刚度和强度好；但其缺点是加工精度要求高、工艺性较差、曲轴拆装不方便。

2.汽缸体冷却方式。

为了能够使汽缸内表面在高温下正常工作，必须对汽缸和汽缸盖进行适当的冷却。冷却方法有两种，一种是水冷，另一种是风冷。水冷发动机的汽缸周围和汽缸盖中都加工有冷却水套，并且汽缸体和汽缸盖冷却水套相通，冷却水在水套内不断循环，带走部分热量，对汽缸和汽缸盖起冷却作用。

3.汽缸排列方式。

现代汽车上基本都采用水冷多缸发动机，对于多缸发动机而言，汽缸的排列形式决定了发动机外形尺寸和结构特点，并对发动机机体的刚度和强度也有影响，且关系到汽车的总体布置。按照汽缸的排列方式不同，汽缸体还可以分成单列式、V形和对置式三种。

（1）直列式，发动机的各个汽缸排成一列，一般是垂直布置。单列式汽缸体结构简单、加工容易、但发动机长度和高度较大。一般6缸以下发动机多采用单列式。

（2）V形，汽缸排成两列，左右两列汽缸中心线的夹角 $\gamma < 180°$ ，称为V形发动机。V形发动机与直列发动机相比，V形发动机缩短了机体长度和高度，增加了汽缸体的刚度，减轻了发动机的质量，但加大了发动机的宽度，且形状较复杂，加工困难，一般用于8缸以上的发动机，6缸发动机也有采用这种形式的汽缸体。

（3）对置式，汽缸排成两列，左右两列汽缸在同一水平面上，即左右两列汽缸中心线的夹角 $\gamma = 180°$ ，称为对置式。它的特点是高度小，总体布置方便，有利于风冷。这种汽缸应用较少。

4.汽缸套形式。

汽缸套有干式汽缸套和湿式汽缸套两种。

（1）干式汽缸套的特点是汽缸套装入汽缸体后，其外壁不直接与冷却水接触，而和汽缸体的壁面直接接触，壁厚较薄，一般为1～3mm。它具有整体式汽缸体的优点，强度和刚度都较好，但加工比较复杂，内、外表面都需要进行精加工，拆装不方便，散热不良。

（2）湿式汽缸套的特点是汽缸套装入汽缸体后，其外壁直接与冷却水接触，汽缸套仅在上、下各有一圆环地带和汽缸体接触，壁厚一般为5～9mm。它散热良好、冷却均匀、加工容易，通常只需要精加工内表面，而与水接触的外表面不需要加工，拆装方便，但缺点是强度、刚度都不如干式汽缸套好，而且容易产生漏水现象。应该采取一些防漏措施。

5.汽缸数量。

汽车发动机常用缸数有3、4、5、6、8、10、12缸。排量1L以下的发动机常用3缸，1～2.5L一般为4缸发动机，3L左右的发动机一般为6缸，4L左右为8缸，5.5L以上用12缸发动机。一般来说，在同等缸径下，缸数越多、排量越大，功率越高；在同等排量下，缸数越多，缸径越小，转速可以提高，从而获得较大的提升功率。

6.铝合金汽缸体的特点。

铝合金汽缸体最大的不同就是质量，铝合金发动机的质量比铸铁发动机的质量轻一半。轿车的总质量本身就不高，发动机所占的比例不能忽略，质量减轻的最直接效果便是油耗的减小。而发动机的质量也直接影响车辆的行驶性能，由于一般轿车多为前轮驱动，如果发动机舱质量过重，车辆拐弯时会引起过多转向，并且制动距离也会加长。

（1）优点：可以减轻发动机质量，能有效降低燃油消耗和提高操控性能。

（2）缺点：铝制材料价格昂贵。

测量汽缸的磨损程度是确定发动机技术状况的重要手段。通过测量，主要是确定汽缸磨损后的圆度、圆柱度。根据汽缸的磨损程度，确定发动机是否需要进行大修，以及确定修理尺寸。在实际使用中，测量时，应尽量测汽缸最大磨损处，然后根据汽缸上、下两部分测量的数据差，横、纵向两项数据差（圆度），参照该车型技术标准，确定继续使用还是加大升级。对需要镗缸修复的发动机，镗缸加大一般分6个级别，每个级别为0.25mm。

实 训 报 告

项目：　　　　　　　　　　　　　　实训时间：

实训任务		所属班级	
指导教师		操作人	
实训材料			
材料名称	规格型号	数量	是否更换

实训作业步骤：

实训结果：

实训总结：

本项目作业成绩评定：优秀（ ） 良好（ ） 及格（ ） 差（ ）